大麻　禁じられた歴史と医療への未来

◆

長《なが》吉《よし》 秀《ひで》夫《お》

JN148147

コスミック・知恵の実文庫

はじめに

大麻とはどんな植物なのか

最近、大麻という文字がメディアやネットを飛び交っている。
「カナダで大麻が解禁」とか、「タイで医療大麻が合法化された」とか、1週間に一度は目にする耳にするといっても大げさではないだろう。その一方、国内では「大量の大麻を押収」とか、「時価数億円の大麻を栽培して逮捕」などという物騒なニュースも飛び込んでくる。

一体、大麻とは何なのだろうか？

大麻とは、さまざまな使い道があり、私たち日本人にも深くかかわりのある有益な植物なのである。

「えっ！　大麻って麻薬じゃないの？」

そんな声も聞こえてくるが、大麻は麻薬ではなく、薬草である。しかし、それはこの植物のほんの一面だ。人類は、太古の昔から、大麻からとれる良質な繊維で衣服や縄や漁網などをつくり、命を繋いできた。あるいは、建材としても使用してきた。神事の中でも重要な役目をおっている。

多くの顔を持つ大麻草は、その有益性ゆえに、さまざまな誤解を受けてきた。それは時に政治的であり、経済的な問題でもあった。今世紀に入り、大麻を巡る世界情勢は大きく変化している。それは、社会構造や人びとの価値観が変化してきていることと深く結びついている。

大麻の原産地は、中央アジアのカスピ海沿岸付近である。

人類が誕生する以前から地球上に存在する大麻は、現在では3つの種類が確認されている。繊維をとるために日本でも栽培されているのが「カンナビス・サティバ・エル」だ。葉の形は5つのギザギザに分かれている。マリファナのイラストなどでよく見かけるのがサティバの葉だ。

陶酔作用のあるTHCを含み、農作物としても最も馴染み深い種がこれである。

THCを豊富に含み、主に医療用や嗜好品として使用されるのは「カンナビス・インディカ・ラム」である。葉の幅が「カンナビス・サティバ・エル」よりも太いのが特徴である。繊維はサティバよりも少ない。

もう1つは、「カンナビス・ルデラリス」である。ロシア方面に多く繁殖している種であるが、THCも繊維も少ないとされている。これらすべてが「大麻草」と呼ばれ、英語ではカンナビスと呼ばれている。

一方、マリファナという名前はアメリカ政府がメキシコ人が使用する危険な麻薬草として紹介した際に定着させた、当時のメキシコ人たちの大麻の呼び名である。今では嗜好や医療としての大麻の呼び名として定着している。

大麻はアサ科の1年草であり、雌雄異株の双葉科植物である。3~5メートルくらいまで真っ直ぐに上に伸びるのが特徴だ。長く真っ直ぐな茎から取れる繊維は黄金色で美しく、世界中の国々で古代から大切に栽培されてきた。大麻は強い生命力を持つため、適応能力が早く比較的丈夫に育つ。収穫から多くの行程を経て繊維などを取り出すためには人手や技術や根気が必要だが、そこから生み出される加工品は、生活の衣食住すべての場面で使えるさまざまなものを人間に与えてくれる。

大麻の原産地である中央アジア、カスピ海沿岸といえば、その北部周辺は綿羊の原種が誕生したところでもある。羊や山羊は繊維質の植物を好んで食べる。カスピ海沿岸から西アジアにかけて繁殖していた大麻の原種を、羊や山羊は好んで食べながら、群れを成してユーラシア大陸を移動していったのだろう。羊以外にも馬や鳥の糞の中に残った種が芽吹き、大麻はユーラシア大陸からアフリカやアメリカ大陸へと広がっていったと考えられる。

日本では石器時代から、すでに航海のためのロープや釣り糸などに使用されてきたと考えられる。また、縄文土器の文様も、大麻の縄でつけられている。福井県の鳥浜遺跡では、大麻の縄が発掘されており、いくつかの縄文遺跡からは、炭化した大麻の種も発見されている。

大麻とは、一体どんなものなのか？

ではこれから、大麻を巡る驚くべき世界へとご案内しよう。

大麻の違法部位と合法部位について

日本の大麻取締法では、規制されている「大麻」について、以下のように記載されている。

「第一条　この法律で「大麻」とは、大麻草（カンナビス・サティバ・エル）及びその製品をいう。ただし、大麻草の成熟した茎及びその製品（樹脂を除く）並びに大麻草の種子及びその製品を除く」

◆日本では、大麻の種・茎・根は合法

○	種	OK
○	茎	OK
×	花穂	NG
×	葉	NG

OK＝大麻取締法規制対象外
NG＝大麻取締法規制対象

つまり、繊維や木質が採れる茎とヘンプナッツやヘンプシードオイルが採れる種については合法であるということだ。これらの部位は、日本でも安心して利用することができる。

名称	内容
大麻	一般的な呼び方。大麻草全体をしめす
マリファナ	主に、嗜好や医療用に使用する。当初はメキシコ移民差別も含まれた蔑称だったが、現在は世界中の共通名称でもある。
ヘンプ	主に、産業用であるTHC濃度が0.3～0.2%以下の品種。
カンナビス	大麻草の学術名でもある。主に嗜好や医療用に使用される。
麻	本来は大麻草を指すが、現在はリネンやジュートを含む繊維が採れる植物を総称した名称。本書では、麻とは大麻のことを指す。
大麻草	植物としての大麻の名称。

日本における呼び方について

大麻は、長い禁止の歴史や、大麻の持っている多くの有用性のために、さまざまな呼び名がある。そしてその背景には、「大《たい》麻《ま》」や「マリファナ」という呼び名が持つ暗く犯罪的なイメージを払しょくする目的もある。

しかし、この植物を世界中でイメージできる呼称は「マリファナ」であり、日本では「大麻」であろう。伝統系では、大麻を「おおあさ」と呼ぶ場合もある。使用目的別に、あるいは政治的思惑によって呼び名は変わり、現状では統一性はない。

大麻　禁じられた歴史と医療への未来

目次

はじめに

第1章 劇的に変わってゆく世界

第2章 医療大麻で命を救え

第3章 カウンター・カルチャーとしての嗜好大麻と禁止の歴史

第4章 21世紀の産業大麻

第5章 日本の中の大麻文化

第6章 日本の大麻取締法

むすびに

●本書は２００９年に幻冬舎から刊行された
『大麻入門』に加筆・修正し再編集したものです。

第1章

劇的に変わってゆく世界

それは1人の少女から始まった

２０１３年8月。アメリカのテレビ局であるＣＮＮが放映したある番組が、全米を騒然とさせた。それは、これから世界中で巻き起こる医療大麻への大きなうねりの始まりだった。

『ＷＥＤ』と題したその番組の主人公は、シャーロットという名の幼い少女だった。シャーロットは、コロラド州に住むごく普通の、どちらかというと保守的な若い夫婦の間に生まれた双子姉妹の妹だ。2人は、すくすくと育っていった。しかし、生後3カ月を過ぎた頃からシャーロットは頻繁にけいれんを起こすようになる。何度も入退院を繰り返してさまざまな検査を行うが、原因がわからない。日常的に続く酷いけいれん発作を抑えるために、バルビツールなどの中毒性の強い薬を使用しても、症状は変わらない。

シャーロットが2歳半になった時、彼女の病名が判明した。ドラベ症候群だった。ドラベ症候群は乳児重症ミオクロニーてんかんとも呼ばれる、乳幼児期に発症する難治てんかんである。シャーロットのように、1歳未満で最初の発作が起こり、その後も発作を繰り返す。日本でも難病指定されている。治療法も少なく、強い副作用をもった複数の薬を投与するなどしていくしかない。ケトン食事療法なども取り入れながら治療にあたっていたが、どれも成果を得ることができず、ついに犬に使用されている副作用の強い実験的な抗発作薬の使用くらいしか手立てがなくなっていった。

そんな時、シャーロットの父親は、あるカリフォルニア州の男の子のビデオを目にする。娘と同じドラベ症候群を患うこの子は、なんと大麻によって治療が成功していたのだ。ビデオの中の男の子は、CBDと呼ばれる薬効成分が多く含まれる品種の大麻を使用していた。科学者たちは、てんかんの原因となる脳内の過剰な電気化学的な活動をCBDが抑制しているのではないかと考えていた。

シャーロットの住むコロラド州は、カリフォルニア州と同様に、2000年に実施された住民投票で医療大麻は承認されており、州法では合法となっていた。

未知の領域である幼児への大麻の使用には、脳の発達を阻害する可能性が高いと言われている。しかし、週に300回以上のけいれん発作に見舞われ、心肺停止にまで陥った娘を救うには、もはや大麻を使用するしかない。今まで、世間が医療大麻を使用することに反対していた夫婦であったが、選択の余地はなかった。その時、シャーロットはすでに5歳になっていた。

シャーロットの両親たちは早速、CBD成分の高い医療用の大麻の入手に動き出すが、それは容易なことではなかった。さまざまな困難の末に、デンバーのディスペンサリーと呼ばれている大麻薬局で、高濃度CBD品種の大麻を手に入れ、シャーロットに使用したところ、発作がほとんど治まったのだ。

その後、その品種の入手が再び困難になった時、両親はコロラド州最大の大麻生産農家であるスタンレー兄弟と運命的な出会いを果たす。スタンレー兄弟は、当時暗中模索の中、高濃度CBD種の生産を行っていたのである。

社会的意識の高いスタンレー兄弟は、シャーロットに対して高濃度CBD種の医療大麻を安価に供給するとともに、てんかん、がん、多発性硬化症、パーキンソン病などを患い、治療を受けられない多くの大人や子どもたちに大麻を提供する非営利団体「Realm of Caring Foundation」を設立する。医療大麻の状況が大きく前進した瞬間である。

シャーロットは、大麻成分入りのオイルを1日に2回摂取することで、自転車に乗れるほどに回復していった。そして、このオイルは彼女の名前を冠し、「シャーロッツ・ウェブ」という名で、現在も広く使用されている。

CNNの番組『WEED』は医療大麻合法化の波をつくった。 CNN

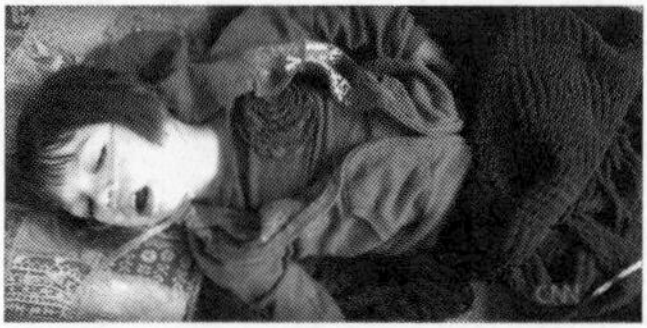

激しいけいれんに苦しむシャーロットちゃん。 CNN

この番組は、大変な評判を巻き起こした。特に、全米で小児てんかんの子どもを持つ家族は、このオイルを求めようと、スタンレー兄弟へ問合せが殺到した。しかし、アメリカ連邦法では依然として医療大麻の使用は認められておらず、この時点ではCBDオイルもコロラド州以外へ持ち出すことはできなかった。つまり、シャーロッツ・ウェブを使用したい患者たちは、コロラド州に引越すしか手立てがなかったのである。

この現象もまた、大きな社会問題となった。その模様は、続編である『WEED 2』でも放映され、政治家や市民団体を巻き込んだ大きな社会運動へと発展していく。そして、この流れは全米に波及し、現在ではアメリカ全土で事実上、CBDオイルの使用が可能な状況になっている。それればかりか、これらの動きはメディアやインターネットを通じて世界中で知られるようになり、今や地球規模の「大麻革命」が巻き起こっているのである。

CBDオイル「シャーロッツ・ウェブ」をつくった大麻農家「スタンレイ兄弟」。Stanley Brothers HP

アメリカ市民が動き出した州法の改正

アメリカ連邦政府は20世紀に入ってから、積極的に大麻を抑制してきた。詳細は第2章で述べるが、21世紀に入ってからの大麻容認への急速な動きは、アメリカ市民が端を開いていった。その背景には、大麻の薬用成分である「カンナビノイド」の研究が90年代から急速に深まっていったこともあった。

1996年にカリフォルニア州、コロラド州は住民投票により医療大麻の合法化を決定したが、その時点で全米ではまだまだ大麻利用に寛容であったとは言い難い。前述のシャーロットの両親のように、コロラド在住ではあるが、大麻利用について反対を述べていた住民も多数存在していた。ましてや、嗜好利用については、医療と比較しても厳しい判断が続いていた。その傾向は、世界の広い地域で見られる共通の傾向と言える。

そんな状況の中で大麻を推進していく引き金となっているのは、何といってもカンナビノイド成分の1つであるCBDの存在であろう。CBDは、精神が高揚するカンナビノイドであるTHCとは対照的に、精神が落ち着きリラックスする。また、THCの高揚効果と拮抗するため、THCとCBDが同量の場合は、精神変容の症状が現れない。そのため、精神高揚を求めない患者にとっては、抵抗なく使用されていった。以前にはＣＢＤには大した効能はないと考えられていたが、多くの研究の結果、実にたくさんの疾病に効果があることもわかってきた。詳しい効能とメカニズムについては、第2章で述べることにするが、ＣＢＤの効能の発見が、現在の世界的な医療大麻ブームの先鞭をつけたことは、間違いない。

２０１９年3月現在、アメリカの33州とワシントンＤＣで、医療用の大麻が合法となっている。そして、13州ではＴＨＣの濃度が低く、ＣＢＤが高い品種については使用可能という状態だ。それと並行して、嗜好用についても社会的に受け入れられつつある。その背景にはさまざまな要素が見うけられるが、１つは「大麻には、今までアメリカ連邦政府が主張してきたような重大な害や依存性はなく、公衆衛生上の問題は小さい」と解釈され始めたと言える。

そのため、カリフォルニア州やコロラド州、ワシントン州などのように、嗜好用の大麻を合法としている州も増え続けているのである。

日本人にはまだまだ驚くばかりの状況であるが、アメリカをはじめとした大麻を巡る世界情勢は、本当に大きく変わり始めている。

ウルグアイ・ムヒカ大統領とカナダ・トルドー首相の決断

２０１３年、南米ウルグアイで大麻の栽培と販売の合法化法案が可決した。それを指揮したのは、世界で最も貧しい大統領と自称したホセ・ムヒカ大統領だ。この決定は、大麻の歴史の中では画期的な出来事だった。

大麻は20世紀初頭に、当初台頭してきたアメリカの主張により世界的に禁止された経緯を持つ。20世紀から１００年以上も大麻が世界的に禁止されてきた背景には、アメリカの強い影響があったのである。

そんな背景の中、国際条約で規制されている大麻を、国家としてはっきりと合法化に踏み切ったのが、ウルグアイのムヒカ大統領だった。非合法であるためにアンダーグラウンドで取引されている大麻を表社会で取扱うことで、市民の安全を守るのが最大の理由だった。

国際条約での規制に対して、自国の法律が優先されるというルールはあるが、やはり麻薬などの規制については、各国は十分な配慮をしてきたようだ。例えば

EUでは、20世紀後半からオランダをはじめとした国々が、嗜好大麻に対して「非犯罪化」という行政処置をとってきた。これは、国際条約での規制を意識し、「合法化」ではなく犯罪として扱わないという行政のあり方によって、実質的に大麻の規制を軽減するための対応だ。それに対しウルグアイは自国の判断によって、合法化に踏み切ったのである。

２０１７年には、ウルグアイでは指定された薬局で大麻を入手することができるようになった。まだまだ社会機構的にうまく運用されているとは言い難いようだが、ウルグアイのムヒカ大統領のこの決断が、その後の国際社会に対して与えた影響は大きいと言っていいだろう。

一方、カナダは大麻の全面解禁を実施した。医療使用だけではなく、嗜好用についてもすべてを合法化したのである。

１９７2年に科学的な検証を行って以来、カナダが大麻解禁を行った道のりは長い。多くの人びとが裁判によって国に訴えかけ、医療大麻の法律をつくり、人権を獲得してきた。２０１5年、若き政治家であるジャスティン・トルドーが大麻合法化を公約に掲げ、第29代カナダ首相になった。そして、公約通り2018年10月17日、カナダはG7加盟国で初めて、嗜好用を含むすべての大麻が解禁したのである。

もう止められない大麻利用の波

今世紀に入り、とりわけこの10年間の世界の大麻情勢は急激に変化している。大麻に関する歴史を見ると、その時々の経済や政治に大きく左右されてきたことがわかる。

アメリカや中国やアジア諸国の経済や政治の動きと今の大麻情勢とは、決して無関係ではない。今、世界で大麻がどのような状況に置かれているのかを眺めると、世界の未来も見えてくる。

2018年は、大きな変革の年であった。2月に開催された韓国ピョンチャンオリンピック直前の1月1日に、薬効成分の1つであるCBDが、ドーピング対象外となった。試合中であっても、CBDは使用してもよいということである。

その後のWHOや国連にも変化があり、ついにアメリカ連邦政府も動き出した。ここに挙げる出来事は、ほんの一部であるが、2018年がいかに激動の始まりの1年であったかを見てほしい。

●2018年に起きた主な出来事（カッコ内は出典）

1月　CBDがドーピングの対象外に

WADA（世界アンチ・ドーピング機構）は、大麻の薬効成分カンナビノイドの1つであるCBDを、ドーピングの対象から外した。これにより国際競技に出場する選手は、規制なくCBDを使用することが可能となった。（INVICTUS）

3月　ギリシャ　医療大麻栽培と販売を合法化

ギリシャ議会は、医療大麻の製造と販売を合法化する法案を承認し、EU加盟国のうち第9の国になった。（Herb）

4月　日本三重県　神事用大麻の栽培を伊勢麻振興協会に許可

前年の免許申請では不許可だったが、防犯対策の充実と神社を限定したことにより、栽培に合理的な必要性があると判断された。（伊勢新聞）

スリランカ　アジア初の医療大麻農場を計画

保健相は、１００エーカーの土地への大麻の栽培を計画していると語った。毎年25トンの医療大麻を生産可能と推測されており、アーユルヴェーダ薬品として、北米や南アフリカへの輸出に使用される予定だ。（Talkingdrugs）

6月

世界保健機関（ＷＨＯ）のＥＣＤＤ（依存性薬物専門家委員会）が、大麻の有効性と安全性を見直す

スイスのジュネーブで開催された世界保健機関（ＷＨＯ）で、史上初めて大麻の健康と安全に関して科学的に検討された。大麻は比較的安全な薬物である実例を列記し、世界中の何百万もの人々がすでに数多くの病状を管理するために大麻を使用していることを指摘している。（Americans for Safeaccess）

ニューヨーク市　大麻吸引での逮捕を中止：９月１日までに実施

ニューヨーク市長と市警察本部長は19日、公共の場で大麻を吸引した場合、逮捕はせず召喚状発行のみにする方針を発表した。ニューヨーク州の嗜好用大麻合法化に先駆けた調査に基づく決定。（Daily Sun）

大麻由来の医薬品、米ＦＤＡが初承認─ＧＷファーマのてんかん治療薬

米食品医薬品局（ＦＤＡ）は25日、大麻草由来の医薬品を初めて承認した。数カ月以内に米国市場で販売される見通しだ。ＦＤＡは英医薬品メーカー、ＧＷファーマシューティカルズの「エピディオレックス」を2種類の希少てんかん症候群の治療向けに承認した。（Bloomberg）

7月

ニューヨークはオピオイド代替として医療大麻を許可する緊急規則を制定

規制当局はオピオイドを処方される患者に、代わりとして医療大麻を使用することを許可。これは、重度の痛み、オピオイド依存症または他の病気に苦しんでいる人々が医療大麻を受ける資格があることを意味する。

(Marijuana Momen)

イスラエル　嗜好大麻非犯罪化

議会は大麻所有権の改正法案を採択。この改正案は政界全体を通じてほぼ全会一致で議員の支持を得た。施行後、法律はパイロットプログラムとして3年間実施され、この期間の後、政府はこのアプローチを変更するか維持するかを決定する。（Talkingdrugs）

ジョージア国　大麻非犯罪化。大麻使用は、もはや刑法で罰せられない

ジョージア国憲法裁判所は、罰金を含む大麻使用に対する罰則はすべて直ちに廃止されると裁定した。この判決はすぐに効力を発揮し、法律となっている。（Talkingdrugs）

イタリア　保健大臣医療大麻拡大を約束、薬局で販売

医療大麻は2007年以来合法であったが、利用するにはハードルが高かった。保健相は薬局で大麻を利用できるようにし、民間企業が栽培できるようにするなど、医療大麻プログラムの急速かつ劇的な拡大に対する政府の支援を表明した。（Marijuana Momen）

9月

南アフリカ　大麻非犯罪化

憲法裁判所は大麻の使用および栽培の禁止が違憲であると判決。満場一致の判決は、家庭での大麻喫煙を非犯罪化し、個人消費のための大麻栽培を認めた。南アフリカの議会は、今日から2年後に裁判所の判決を反映する新しい法案を制定する。(Times)

マレーシア　厳格な麻薬法を持つマレーシアも一転して医療大麻合法化国を目指す

マレーシア内閣は先週、大麻の薬効を議論し、法律改正の非公式協議を開始。医療大麻配布で死刑宣告されたルクマン氏に大麻使用を開始させることについての議論も行われた。モハマド首相も判決と関連法の見直しを検討すべきと述べた。(Free Malaysia Today)

サイパンを含む北マリアナ諸島　大麻完全合法化

医療大麻合法化のステップを踏まずに一気に完全合法化を遂げたのは米国初。最大1オンスの所持と自家栽培を認可。生産から販売までの各ライセンス発行。(Forbes)

10月

カナダ　大麻合法化。嗜好用大麻の販売開始

成人（18歳もしくは19歳以上）は、30グラム以下の大麻の所持、１家族につき苗木４本までの大麻栽培、認可を受けた業者からの大麻購入を合法化した。大麻入り食品は、19年10月以降に合法化予定。（ＢＢＣ）

グアム　医療大麻自家栽培合法化。州知事は栽培法に署名

グアムは２０１４年に医療大麻合法化後、検査施設創設に１００万ドルの予算を捻出できないために医療大麻プログラムを施行できず、事実上医療大麻法は始動していなかった。（Pacific Daily News）

11月

イギリス　医療用大麻の合法化・販売開始

他の治療薬の効果がなかった場合のみ、専門医によって処方。（ＢＢＣ）

アメリカ　ＣＢＤ医薬品のエピディオレックスを発売

世界初の天然大麻由来のＴＨＣ／ＣＢＤ製剤サティベックスを開発したイギリスのＧＷ製薬の子会社が、天然大麻由来のＣＢＤ製剤を国内で初めて発売。（GW Pharmaceuticals）

韓国　医療大麻を合法化、東アジアでは初

韓国の国会は麻薬取締法を改正し、てんかんをはじめとした難病患者への大麻由来の医薬品だけに限定し、医療大麻を承認した。韓国は最も大麻への罰則が厳しい国の1つとされており、今回の医療大麻の合法化は世界中で驚きをもって迎えられている。（Buzzap）

インド　医療大麻研究承認

国内での医療用途の可能性を研究するために、大麻の研究を承認。この研究は、ムンバイのタタメモリアルがんセンターと提携して行われる。（Culture Magazine）

12月

ルクセンブルク「住民のみ」の嗜好用大麻合法化

大麻合法化計画は、ＥＵにとって画期的な出来事かもしれないが、国の「大人の住人」にのみ販売を許可する条項によってビジネスチャンスは制限されると見られている。（Marijuana Business Daily）

ニュージーランド　医療大麻完全合法化

新しい法律では、以前は非常に制限されていた医療用大麻へのより広いアクセスを患者に許可。喫煙も可。また、医療大麻製品がニュージーランドで国内外市場向けに製造されることを可能にする。2年後の娯楽用合法化投票に向けて大きく前進。（SBS）

米NY州　嗜好用大麻合法化へ＝市場規模1900億円

米ニューヨーク州のクオモ知事は17日、嗜好用としての大麻を2019年に合法化する方針を表明した。同州の試算では、合法化で生まれる大麻の市場規模は推定年間17～35億ドル。約2億5000万～6億8000万ドルの税収が見込まれ、同州は公共交通の整備などに充てる方針とみられる。（時事通信社）

米国連邦法改正　産業用大麻合法化

トランプ大統領は正式に産業用大麻合法化を含む農業法案に署名。産業用大麻をTHC0・3％以下と定義、規制物質から外す。この法律は大麻草の連邦分類の最初の変更を意味する。第二次世界大戦以来初めて連邦政

府が認可した産業用大麻が成長する道を開く。（Marijuana Momen）

タイ　医療大麻合法化

タイは火曜日に大麻を医療用途および研究用として承認。１９３０年代まで痛みと疲労を和らげるために大麻を使用する伝統を持っていたタイは、新年の祝日の前に１９７９年の麻薬法を修正することに投票した。「これは新年の贈り物である」（Reuters）

いかがだろうか。注目すべきは、ＷＨＯが、「大麻は比較的安全な薬物であり、事実上、世界各地で医療用として使用されている」と認めたということだろう。これを受けて、各国が医療用の大麻利用のために動き出していった。特にアジアの動きは早い。隣国、韓国も素早い動きを見せている。東南アジアやオセアニアなども、今後、ますます大きな変化が出てくるであろう。そして、アメリカ連邦政府は、ついに産業用大麻（ヘンプ）を合法化した。これは大きな一歩だ。

では次に、各国の大麻に関する状況をいくつか挙げてみよう。

世界各国の大麻事情

以下は、2019年3月現在の世界の大麻事情である。
医療大麻を合法にしている国＝52カ国
審議中・議論中＝25カ国
違法だが、寛容な国＝71カ国
軽犯罪化＝4カ国
非犯罪化＝5カ国
世界各国の状況をまとめてみた。

アメリカ合衆国　医療＝違法　嗜好＝違法　産業＝合法

連邦法では、低THCの産業用大麻のみ合法。産業用大麻から抽出されたCBDなどのカンナビノイドは合法。2019年4月に嗜好大麻合法化法案が、議会に提出される予定である。

アメリカ各州　医療＝33州＋ワシントンDCで合法　嗜好＝10州で合法

各州法によって、運用法が異なるが、実質的に州法によって大麻の運用が実施されている。

カナダ　医療＝合法　嗜好＝合法

2018年10月17日にG7では初めての全面解禁。21歳以上の成人は、ライセンスを取得した販売店で大麻の購入が可能。30グラムまでの大麻の所持、世帯当たり4株までの大麻の栽培が認められる。

ウルグアイ　医療＝合法　嗜好＝合法

法律で個人消費のための自家栽培、大麻クラブへの入会、または民間企業が提供する製品の薬局での購入が認められている。

イスラエル　医療＝合法　嗜好＝非犯罪化

2018年、世界最先端の大麻研究の国、イスラエルが医療大麻輸出法を承認。

イギリス　医療＝合法化準備　嗜好＝一部容認

世界中の男児で9例しか知られていない難治性てんかん患者・アルフィー君

（7歳）の医療大麻が税関で没収されるという事件から世論が動き、医療大麻を合法化に導いた。

オーストリア　医療＝合法　嗜好＝非犯罪化

大麻種子および植物の販売は合法。

オランダ　医療＝合法　嗜好＝非犯罪化

生産、流通が違法だったオランダは、コーヒーショップへの大麻の栽培生産を自治体で4年間実施することを許可する意向を表明。

イタリア　医療＝合法　嗜好＝軽犯罪化

医療大麻の入手方法は指定の薬局だけだったが、個人での生産加工を合法化する法案が現在議論中である。

コスタリカ　医療＝最終承認前　嗜好＝個人消費は合法

裁判官は、決議によって、個人的な消費のみを目的としたものであれば、大麻の栽培は承認されるとした。

コロンビア　医療＝合法　嗜好＝非犯罪化

過去の大麻による有罪判決の前科を抹消する法案が可決される見込みである。

スイス　医療＝低ＴＨＣ合法　嗜好＝実質的非犯罪化

政府は、大麻の法律を変える可能性を秘めた10年間の大麻使用試験期間を５０００人に認める提案を発表。

スウェーデン　医療＝医療品合法　嗜好＝違法

ヨーロッパ・トップの不寛容な大麻政策で知られるスウェーデンで、過去最高のユーザー数を記録。20人に１人の男性、40人に１人の女性が過去12カ月間に大麻を使用。

タイ　医療＝合法　嗜好＝違法

２０１８年、タイの全国農民協議会は、農民が彼らの生産を多様化するのを助けるために「新しい経済的作物」を提供するとして、医療大麻合法化を賞賛した。

チェコ　医療＝合法　嗜好＝非犯罪化

チェコ首相は、最先端の大麻研究の国イスラエル首相との直接対談で、医療大麻の大切さを語り、イスラエルに教えを乞うことをお願いした。

デンマーク　医療＝合法　嗜好＝一部容認

政府は、医療大麻法を拡大。医療大麻製品の輸出を認める4年間の試験期間を設ける。

ドイツ　医療＝合法　嗜好＝一部容認

政府の承認を受けて大麻生産を準備する。2020年の生産開始を目指す。

ノルウェー　医療＝合法　嗜好＝非犯罪化

処罰の対処は15グラム以下で少量の罰金から。

フィリピン　医療＝合法化準備　嗜好＝違法

フランス　医療＝低THC合法　嗜好＝違法

ブラジル　医療＝合法　嗜好＝非犯罪化

ベルギー　医療＝合法　嗜好＝非犯罪化

メキシコ　医療＝合法　嗜好＝非犯罪化

ルーマニア　医療＝合法　嗜好＝違法

サイパン　医療＝合法化準備　嗜好＝合法化準備

２０１８年、サイパン島を含む北マリアナ諸島の上院議会は、大麻完全合法化法案を承認した。

グアム　医療＝自家栽培合法　嗜好＝違法

オーストラリア　医療＝合法　嗜好＝一部容認

スペイン　医療＝一部合法化　嗜好＝非犯罪化

医療大麻はカタルーニャ地方が合法化。

ジャマイカ　医療＝合法　嗜好＝非犯罪化

２オンス（56グラム）までの大麻所有は非犯罪化。

韓国　医療＝合法化準備　嗜好＝違法

２０１８年、韓国カンナビノイド協会は、医療用大麻合法化のための本格的な活動開始を発表した。究極の目標は、ＣＢＤオイルをはじめとする医療用大麻を医師の処方箋だけに留まらせずに民間で自由に流通可能にすることである。

ニュージーランド　医療＝合法　嗜好＝違法

２０２０年に大麻完全合法化の国民投票を控えている。

バハマ　医療＝軽犯罪化　嗜好＝軽犯罪化
罰金は1500～2000ドル程度。
ボスニア・ヘルツェゴビナ　医療＝検討中　嗜好＝違法
ミクロネシア連邦　医療＝合法化準備　嗜好＝違法
インド　医療＝合法化準備　嗜好＝国会審議中
アーユルヴェーダでは、紀元前1000年前から使用されており、ヒンドゥ教の宗教儀式では、現在も習慣的に使用されている。
アイルランド　医療＝違法　嗜好＝違法
嗜好用、医療用ともに違法だが、5年間の実施試験予定。
アゼルバイジャン　医療＝違法　嗜好＝違法
違法だが、医療大麻の長い歴史がある。
スリランカ　医療＝違法　嗜好＝違法
医療用大麻も違法だが、アーユルヴェーダ療法に合法使用されている。
中国　医療＝違法　嗜好＝違法

大麻喫煙は10～15日間の拘束の上、最大2000元の罰金。中医学では、漢麻という名で使用されており、起源前2700年からの歴史がある。

ネパール　医療＝違法　嗜好＝違法

使用の歴史が長く、現実的には公共の場所でなければ容認。

ロシア　医療＝非犯罪化　嗜好＝非犯罪化

大麻所持6グラム以下非犯罪化。

アルゼンチン　医療＝容認　嗜好＝非犯罪化

ウクライナ　医療＝非犯罪化　嗜好＝非犯罪化

最大5グラムまで非犯罪化、10株の栽培が認められている。

北朝鮮　医療＝容認　嗜好＝容認

大麻を取り締まる法律はない。低所得層のタバコの代替え品。

南アフリカ　医療＝非犯罪化　嗜好＝非犯罪化

いかがだろうか。世界は動いている。大麻と向き合った時、その秘めたるパワーと可能性に多くの人が気づく。そしてそれが、また次の波を呼び寄せる。

では次に、アジアやオセアニアの流れはどのようになっているのだろうか。

アジア・オセアニアも大きく変わり始めている

欧米への大麻利用合法化の波が次に向かうのは、アジア・オセアニア地域である。東南アジア各国とオセアニア諸国は、歩調を合わせるように大麻合法化が始まっている。

〈マレーシア〉

マレーシアは、大統領と閣僚が医療大麻に関する法律を改正する非公式協議を開始した。死刑を含む厳格な大麻法を維持してきたマレーシアは突然の方向転換を図る。そのキッカケになったのは1人の男の逮捕だった。

逮捕されたムハンマド・ルクマン氏（29歳）は、密かにがんなどの回復が難しい病人約800人に代替え医療としての医療大麻を無償で生産配布したことを罪に問われ、死刑判決を受けた。この事件が世論を動かし、大統領自ら死刑を恩赦する考えを示し、死刑は中止され、死刑制度自体を廃止することになった。同時に、病人が大麻を使用することを罰することも廃止することを提案、医療大麻を合法化する考えを示した。厳格なイスラム国家マレーシアで劇的な法改正を実現に導いたヒーローが誕生することとなったのである。(Channel NewsAsia)

〈シンガポール〉

シンガポール内務省と保健省は共同声明の中で、臨床試験から得られた発作やてんかんを管理するためのカンナビノイドの使用の可能性について、「規制医薬品と同様に供給登録する前に保健科学庁による『厳密な科学的審査』を受けなければならない」と発言した。(Marijuana Business Daily)

〈フィリピン〉

麻薬戦争への強硬なアプローチをとることで有名なフィリピンは、医療用大麻を実質的に合法化した。フィリピン下院の153人の議会メンバーは、法案名「思いやりのある医療大麻法」に投票し、145名の賛成票で成立した。同法に基づき、フィリピン麻薬取締局の認可を受けた医師は、適格条件のリストに苦しんで

いる患者に大麻を処方することが許可される。（ＣＮＮ）

〈タイ〉

タイ政府は、２００１年から６年間、現在のフィリピン同様の「薬物戦争」を行ったが、麻薬取引も消費量も減ることはなく増加の一途をたどった。その経験を反省し、薬物政策を大きく転換させる。そして、２０１８年５月に大麻の医療目的での非犯罪化を決め、12月25日に正式な合法化を承認した。合法化に合わせ、政府はさらに今までひっそりと大麻を使用所持してきた人々に対し恩赦を与えることを発表。申請すれば、患者や研究者だけでなく個人の生産者まで無条件にこれまでの罪を逃れることになる。２０１９年現在、タイは間違いなくアジアの先頭に立っている。（ＣＮＮ）

〈韓国〉

韓国は、日本と同レベルで薬物に厳格だと思われていたが、２０１５年に提出された医療大麻合法化法案は一般的な社会的合意の欠如を理由に拒否された。しかし、医療大麻をめぐる関心の高まりの中で、韓国医療大麻合法化団体として知られている市民団体が、２０１７年11月に国会に新しい医療大麻合法化法案を提出した。これにより、大麻由来の医薬品だけに限定し、医療大麻を承認した。世界的潮流である大麻の合法化は厳格な韓国でも受け入れられ、法案は２０１９年3月12日に施行された。今後、医療大麻合法化団体は、政府が医療大麻を受ける資格のある疾患の数を増やすよう説得する計画である。

韓国でうまくいけば、他のアジア諸国、特に合法化の輪がすでに動いている国を安心させるのに役立つことは当然のことである。早急に市場を立ち上げることができれば、韓国は医療大麻の地域リーダーになることができるだろう。

（Wikileaf,Benzinga）

〈オーストラリア〉

オーストラリア全土の大麻合法化法案も審議されているが、その前に、首都特別地域（首都キャンベラおよびその水源域）の合法化が実現するのではないだろうか。現在は50グラムまでの所持が非犯罪化されているが、合法化すれば50グラムの所持と4株の栽培が可能になる。２０２０年2月に議会が再開される際に議論される予定である。

大麻政策、研究、その他の薬物政策においてもオーストラリアは比較的リベラルな動きを加速させている。（Finfeed）

〈ニュージーランド〉

ニュージーランドは、薬物政策国際委員会のメンバーであるヘレン・クラーク元首相の政策の流れをくみ、ジャシンダ・アーダーン現首相も非常に薬物政策議論に前向きである。２０１８年12月に医療大麻が完全合法化され、娯楽用大麻も２０２０年に国民投票の開催が約束されている。（ＳＢＳ）

〈日本〉

大麻成分のてんかん新薬、国内臨床試験へ

大麻の成分を含む難治性てんかんの治療薬が国内で初めて使える見通しとなった。医薬品としての使用や輸入は大麻取締法で禁じられているが、病院での臨床試験（治験）という位置づけで許可する。（２０１９年3月　朝日新聞）

以上のように、アジアやオセアニア地域も大きく変わり始めている。そして東南アジア諸国は、既に実質的な動きを始めている。さらに今後注目すべきは、韓国であり、中国やロシア、北朝鮮などの東アジアであろう。

そして、ついに日本も医療大麻を容認する方向で動き出した。詳しくは第2章を参照してほしい。

第2章

医療大麻で命を救え

医療大麻とは大麻の薬草利用のこと

医療大麻というと、何か特別な薬物のように感じるかもしれないが、大麻草の薬草利用のことである。人類は太古の昔から、大麻草を薬草として使用してきた。日本でも戦時中まで、喘息の薬として販売されており、民間薬としても使用されていた。

世界や日本の医療大麻の歴史については後ほど詳しく述べるが、世界的に再び注目され始めた理由は、１９９０年代に科学的な研究が大きく進んだことによる。

医療大麻のメカニズム

大麻に含まれる固有の薬効成分を総称して、「カンナビノイド」と呼ぶ。大麻草の中には１００前後の種類のカンナビノイドが存在するが、全貌は解明されていない。主成分のカンナビノイドは、ＴＨＣ（デルタ9テトラヒドロカンナビノール）とＣＢＤ（カンナビジオール）である。その他には、ＴＨＣＶ（テトラヒド

◆大麻は喘息薬

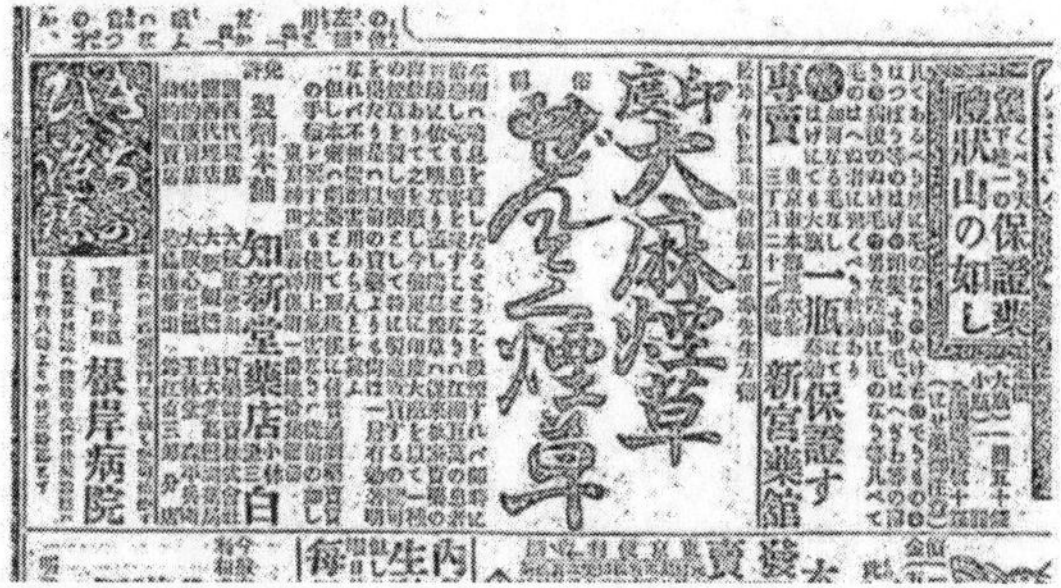

1895年の新聞広告。「印度大麻　ぜんそく煙草」とある。太平洋戦争以前の日本では、喘息薬として大麻が薬局でも販売されていた。

ロカンナビバイン）、ＣＢＧ（カンナビゲロール）、ＣＢＣ（カンナビクロメン）など多数存在している。ＴＨＣには精神活性化作用があり、ＣＢＤにはそれを抑制する精神作用がある。場合によってはその逆の作用もある。さまざまなカンナビノイドや大麻草の中の成分が相互に働きかけて、多くの効果が表れる。

　カンナビノイドは体の中の細胞膜に存在する受容体に結合することによってさまざまな薬効を発揮する。この受容体も、体内の２００カ所以上に存在しており、これほど多くの受容体を要する物質は、大変珍しい。

　ＴＨＣは、１９６４年に大麻の精神活性作用の原因成分として分離され、１９８８年にはＴ

HCが直接作用する受容体が発見され、CB1（カンナビノイド受容体タイプ1）と命名された。数年後にCB2（タイプ2の受容体）の受容体が発見された。

CB1は主に中枢神経系のシナプス（神経細胞間の接合部）や感覚神経の末端部分に存在する。さらに筋肉組織や肝臓や脂肪組織など非神経系の組織にも広く分布している。CB2は主に免疫系の細胞に発現しているが、他の多くの細胞にも発現している。

内因性カンナビノイド　人間は自らの体内で大麻をつくり出す

私たちの体の中には、CB1とCB2という受容体が200カ所以上ある。ということは、その受容体に結合する物質を、私たち自身がつくっているのではないか。CB1受容体が発見された4年後の1992年、THCの分離を成功させていたイスラエルのラファエル・メクラム博士らは、ヒトの脳内にマリファナ様物質があることを突き止めた。この物質を「内因性カンナビノイド」または「エンドカンナビノイド」と呼ぶ。そして、発見されたエンドカンナビノイドは、サンスクリット語で「至福」を意味する「アナンダミド」と命名された。

同年、帝京大学の杉浦隆之教授らは、2–アラキノイドトリグリセロール（2–AG）を発見した。これらの発見によって、人間は体内でマリファナと同じ成分を分泌していることがわかってきた。

この他にも、ノラジンエーテル、N–アラキドノイルドーパミンなど数種類がエンドカンナビノイドとして報告されているが、生理的に機能しているかどうか明らかではない。アナンダミドと2–AGが生理的に主要なエンドカンナビノイドと考えられている。

人間は、全身の各所でエンドカンナビノイドをつくり出し、身体中の受容体と結合させてバランスを図っている。何かの原因によって、そのバランスが崩れると、体調不良に陥っていく。その際、外部から大麻のカンナビノイドを補給して、体調を整えるということが、大麻の医療的利用の基本的な考え方と言えるだろう。

大麻は何に効くのか？

アメリカの医師であるトッド・ミクリヤ博士は、１９９０年以降に医療大麻を使用した患者の臨床データを収集し、分析を行った。カリフォルニア州オークランド医療大麻バイヤーズクラブ会員３万８０００件とミクリヤ医師自身が診断した８５００件余りのデータを基に症例を分析した。その結果、医療大麻は、約２５０種類の疾病に対して、何らかの治療効果が得られたという結論に達した。その後、世界中の研究者も、医療大麻の効果についての論文やデータを公表している。

だが、現在の市場規模や患者のニーズに対して、エビデンスの数は、まだ圧倒的に不足している。エビデンスを得るには、臨床試験が必要である。そのためには多額の費用がかかるので、製薬会社は特許を取得して製品を販売することで、その経費を捻出する。医療大麻は民間治療の中から生まれ世界中に広がっており、多くの化学薬品のように、製薬会社が開発したものではない。医療大麻の問題の背景には、製薬会社や医療機関や政府などの経済や政治のバランスが、複雑に絡み合っているのである。

それでは次に、医療大麻が広く使用されている主な疾病とその効能について挙げよう。

〈がん〉

がん治療における大麻製剤やカンナビノイド製剤の効果は、症状の緩和と抗がん作用の大きく2つに分けられる。

がん患者の症状を緩和する作用としては、食欲を増進させて体重減少を抑制し、抑うつ状態を軽減して気分を楽にする作用がある。抗がん剤治療における吐き気や嘔吐の抑制や痛みを和らげる効果もある。しかも、副作用はほとんどない。また、カンナビノイドには直接的な抗がん作用が報告されている。

その作用機序は極めて多彩であり、1つの作用機序ではなく、複数の作用機序で総合的に抗がん効果を示すと考えるのが妥当である。

抗がん作用として、がん細胞の増殖抑制、アポトーシス（個体をよりよい状態に保つために積極的に細胞死を引き起こす管理・調節プログラム）の誘導、転移や浸潤の抑制、血管新生の阻害などが報告されている。

その作用メカニズムとして、がん細胞の増殖シグナル伝達を阻害する作用、細胞周期を停止させる作用、小胞体ストレスを誘導してオートファジー（生体の恒常性維持するために細胞内のタンパク質を分解する仕組みの1つ）を亢進して細胞死を引き起こす作用など、多くの報告がある。またアメリカでは、医師や看護師などの医療関係者の多くが、がん患者の吐き気、疼痛、食欲不振への治療に医療大麻あるいは大麻製剤が有効であることを認識している。

2016年に医療大麻の使用が許可されているイリノイ州、マサチューセッツ州、ワシントン州において、小児がんの治療にかかわっている医療従事者に対して調査したところ、301人中92％が小児がん患者に医療大麻を使用することに賛成している。

〈てんかん〉

2013年にアメリカのCNNで放送されたドキュメンタリー『WEED』で、小児てんかんの少女がカンナビノイドCBDで症状が軽減された模様が放映され、大きな社会現象となった。それらの影響もあり、てんかんに対する有用性の実験が行われた。『New England Journal of Medicine』２０１７年5月25日号に「ドラベ症候群による難治性てんかんへのＣＢＤ試験」という論文が発表された。

試験対象となったのは、「ドラベ症候群」の子どもたちである。「2歳以上19歳未満のドラベ症候群と診断され、抗てんかん薬を内服しているにもかかわらず、月に4回以上のけいれん発作が出現する」という条件を満たした被験者が、アメリカとヨーロッパ各国から計１２０名参加した。ドラベ症候群とは、生まれつき遺伝子に欠損があり、幼少期からけいれん発作を繰り返し、多くの患者が若くして亡くなってしまう難病である。さらに、ドラベ症候群のてんかんは薬剤でのコントロールが難しく、決定的な治療薬がない難病なのである。

本試験で使用されたのは「エピディオレックス」という商標名のＣＢＤ製剤である。これはイギリスのＧＷ製薬が開発した天然大麻草由来の製剤で、大麻特有のハイになる成分であるＴＨＣをほとんど含まない。

その結果、ＣＢＤオイル投与群では、1カ月平均12・4回あった発作が、5・

9回に減少した。また、CBDオイル投与群60名のうち3名では発作が完全に消失した。傾眠や消化器系の副作用が出現する可能性はあるものの、CBDオイルは従来のてんかん薬だけではコントロールの難しい発作に対して有効であり、ときにけいれん発作を完全に消失させる作用があるとの結論に達した。

一方、カナダの大麻製薬会社であるテイルレイが自社の製剤を使った実験データによると、CBDだけではなく微量のTHCが含まれているほうが、より効果的な可能性があるとの結果が得られている。

〈疼痛〉

アメリカでもっとも広く医療大麻が使われる理由が疼痛だろう。がん性疼痛《とうつう》、非がん性の慢性疼痛、神経因性疼痛などさまざまな種類の疼痛に対して適応がある。1960年代、イスラエルのラファエル・メコーラム博士らは、CBDに抗炎症・鎮痛作用があることを発見している。もちろん、CBD単体ではなく、THCやその他の成分とのアントラージュ効果によって、本来の鎮痛作用を発揮するようだ。

鎮痛剤としての大麻は、モルヒネ系（オピオイド系）の鎮痛薬よりも有効で、しかも依存症になる可能性が低いというメリットがある。アメリカでは日本よりオピオイドが気軽に処方されるので、過剰投与による呼吸停止が社会問題になっており、モルヒネと大麻の併用による相乗効果で、モルヒネの量を軽減する試みも行われている。

〈多発性硬化症〉

多発性硬化症は、脳や脊髄などの中枢神経が炎症によって損傷し、手足の麻痺や視力の低下などの症状が現れる難病である。

多発性硬化症の疼痛と筋肉けいれんに大麻が有効であることは、１９８０年代から経験的にわかっていた。米英の患者たちは、非合法に医療大麻で自己治療を行い、けいれんや痛みが軽減し、膀胱の機能が向上することがわかっていたのである。その後の大麻やカンナビノイドを使用した臨床実験で、有効性を示す結果が得られている。

脳や脊髄にある軸索は、神経細胞間の情報伝達を行っているが、それを包む鞘《さや》のような髄鞘《ずいしょう》によって保護されている。炎症によってこの髄鞘が壊されると、神経細胞の情報伝達がうまくいかず、運動失調やしびれや痛みを引き起こす。

ＴＨＣには、カタレプシーという症状を起こす働きがある。カタレプシーとは意識はあるが、しばらくの間、不動の状態になる症状である。この作用が、多発性硬化症の筋肉緊張によるけいれんの軽減に有効に作用する。

ＴＨＣやＣＢＤの相互作用によって、痙攣や疼痛に効果があると考えられている。

〈アルツハイマー病　認知症〉

アルツハイマー病は、不可逆的な進行性の脳疾患で、記憶や思考能力がゆっくりと障害され、最終的には日常生活の最も単純な作業を行う能力さえも失われる病気である。アルツハイマー病は、高齢者における認知症の最も一般的な原因である。非臨床試験では、カンナビノイドが神経変性に至る過程の一部を制御する可能性が示されている。これはカンナビノイドがアルツハイマー型認知症など、神経変性の認知症の治療に有用であることを示唆している。

◆大麻はさまざまな疾病に効果がある

最新の臨床研究により、大麻が効果があるとされた病気

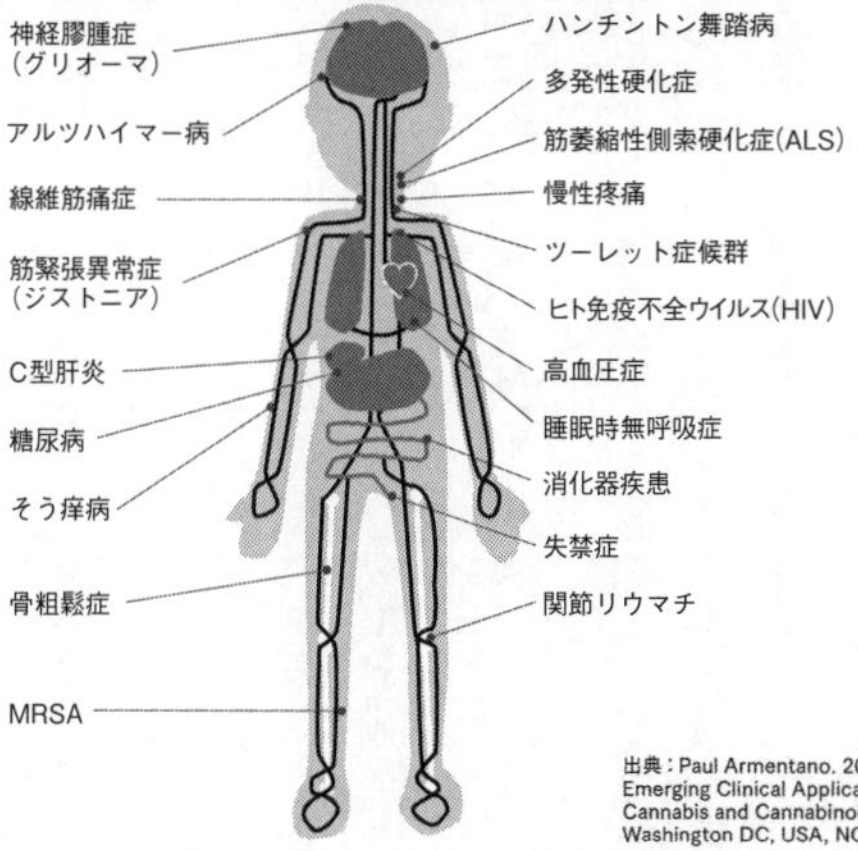

出典：Paul Armentano. 2012. Emerging Clinical Applications For Cannabis and Cannabinoids. Washington DC, USA, NORML

２０１６年、アメリカ・ソーク研究所のデービッド・シューベルト氏は、ＴＨＣにアルツハイマーの特徴である脳内のアミロイド班の除去を促進させる効果があるほか、脳の神経細胞を破壊する炎症を防ぐ効果もあることをつきとめた。

「合理的な結論として、カンナビノイドにはアルツハイマー病治療薬としての可能性がある」とシューベルト氏は解説している。

医療大麻の有害性の程度

大麻にも有害性があって当然であ

るが、効果のほうがはるかに大きい。

医薬品は基本的に毒性を有し、副作用のリスクをともなうものである。抗がん剤のように毒性の強いものでも医薬品として認められている。

医薬品はすべて副作用があることを前提に、毒性（副作用）より効果が勝ると判断される時、治療に使われる。したがって、有害性があるからという理由で、医療大麻の使用を禁じる法律が合法であるというのは不合理である。

では医療品として、大麻の効能や副作用の特性を見てみよう。

大麻には致死量がない

薬物は、効果を発揮する用量（薬効量）と死亡する用量（致死量）の差が大きいほど安全性が高いと言える。例えば、抗がん剤は安全域が極めて狭く、もし通常投与量の10倍を間違って投与すれば、ほとんどの患者は副作用で死ぬ。

大麻を過剰に摂取しても死ぬことはないと言われている。実際にテトラヒドロカンナビノール（ＴＨＣ）の致死量を検討した動物実験でも、ＴＨＣの致死量が極めて高いことが報告されている。大麻の過剰摂取による死亡例は今まで報告がないと言われている。大麻を喫煙した場合、致死量に達する量の100分の1以下の摂取量で眠ってしまうため、大麻の過剰摂取で死ぬことはあり得ないと考えられている。

麻の依存性はカフェインより弱い

依存性（薬の使用を止められない状態になること）の強さは、強いほうからニコチン、ヘロイン、コカイン、アルコール、カフェイン、マリファナの順番になっている。

離脱症状（連用している薬物を完全に断った時に禁断症状が現れることで、身体依存を意味する）もこれらの中でマリファナが最も弱く、カフェインよりも離脱症状は弱いと薬物乱用の専門家は評価している。大麻は酒やタバコやコーヒーより中毒になりにくいことは医学的に証明されている。

全草利用とアントラージュ効果

大麻を医療利用する場合、「全草利用」が望ましいと言われている。つまり、一部の薬効成分だけを抽出するよりも、大麻草の中の成分すべてを利用したほうが、効果が高くなるのである。

100種類以上あるカンナビノイドは、それぞれの薬効や濃度などが相互に作用し合う。また、香りのもとである「テルペン」や「フラボノイド」などとも複雑に作用しあい、体を癒してくれる。この相互作用は「アントラージュ効果」と呼ばれている。

医療大麻は統合医療を象徴するハーブ

医療大麻は薬草であり、ハーブである。

「ハーブ」とは、暮らしの中にあって私たちの生活の役に立つ植物のことを言う。例えば、どれだけ役に立つ植物であっても、人が立ち入れないような高山や谷底にしか生育していなければ、それはハーブではない。ハーブとは、日常の中にある人間に有益な植物のことを指している。薬であり、食用であり、染料であり、虫よけでもある。また、宗教にも使用されてきた。

例えばハーブで染めたさまざまな色彩の衣服は、宗教儀式や日常のファッションに使用されると同時に、虫よけにもなり、皮膚病やその他の病気の予防や治療にも使われるというように、多くの要素を持っている。そして大麻は、カモミールやミントなどと同様に、食用としても薬用としても使用できる栽培の容易なハーブである。20世紀前半までは、大麻はハーブとして認識されてきたのである。

ハーブは、古代エジプトやメソポタミアから西洋に伝わった。西洋文化の中に取り入れられたハーブは、中世には錬金術師たちによって経験的な知恵をもとに調合されてきた。20世紀にはいると、柳の鎮痛成分を化学合成したアスピリンが生活を大きく変え、化学薬品万能時代を迎える。しかし20世紀後半、心の病など、現代医学では治せない問題により、行き詰まりが生じる。

そんな中、アメリカ西海岸で、現代医学と伝統医療を統合した考え方に基づく統合医療が誕生する。そして、そのリーダーであるアンドリュー・ワイル博士は、大麻こそ統合医療の根幹にあるハーブであると提唱した。やがて、20世紀末に大麻をはじめとするハーブの効果が科学的に証明され始めると、アメリカでは統合医療が確かな医療として認識されると同時に、医療大麻も受け入れられるようになっていった。

２０１０年のアリゾナ大学における統合医療プログラムを見ると、アロマテラピーやアーユルヴェーダとともに、がんの統合医療専門家による医療大麻の講義も行われている。また、統合医療やハーブに関する書籍にも、ハーブとしての大麻についてごく普通に触れている。

20世紀に頑なに大麻を規制し続けたアメリカも、大麻成分のカンナビノイドの薬効が科学的に証明されると、今までの考え方を改め、医療大麻を受け入れ始めた。このような姿勢は、医療の可能性を見出すものとして、高く評価できる。

医療大麻とは
どのようなものなのか

◆農場〈屋外栽培〉

ワシントン州の医療大麻の小規模農園。栄養たっぷりの室内栽培も人気だが、外の空気と太陽の陽射しをしっかり浴びた大麻も人気がある。

P73〜80 写真／Naoko Miki

◆農場〈室内栽培〉

コロラド州にある室内栽培の大麻ファクトリー。コンピュータ管理によって水や栄養を供給している。生育サイクルも管理が可能であり、3カ月から半年で収穫を迎える。太陽光を浴びた屋外での栽培のほうが圧倒的に多いが、衛生管理がしっかりされ、品質が安定しやすい室内栽培のものも人気がある。

コロラド州の大麻ファクトリーでコンピュータ制御によって栽培される大麻。クローンによって同じ株からとった苗木から育てられる。医療大麻・嗜好大麻ともに、苗木には1本1本タグがつけられ、栽培・収穫・加工・販売までトレースできる。

ワシントン州の医療大麻農園で収穫され、出荷直前の大麻。花穂の周囲にある余分な葉をカットする「トリミング」という作業を経て、出荷可能な製品となる。

◆ワシントン州の大麻ショップ

ワシントン州の嗜好大麻の大麻ショップ。同州では1998年に医療大麻が合法化された。合法化されたといっても医療機関で施術されるわけではなく、医療用に使用しても逮捕されないという意味である。そのため、患者個人がキッチンで大麻オイルをつくり、余ったものを分け合うという文化の中から医療大麻は発達してきた。同州では2016年7月に医療大麻も嗜好大麻同様に州政府の管轄になったが、そのことで規制が厳しくなり、必要な資本や事務手続きも増えて、それまで小規模に医療大麻をつくり、提供していた個人は、オイルづくりをやめたり、再び「地下」にもぐったりしている。これは他州にも見られる現象である。アメリカの大麻を巡る法的状況は、刻々と変化している。

◆ワックス、シャターなどと呼ばれる「コンセントレート」（高濃度のオイル）

ブタンを溶剤として用いて抽出するBHO（ブタンハッシュオイル）や、超臨界二酸化炭素によって抽出したCO2オイルと呼ばれる大麻の高濃度オイルなど、新たな技術によってさまざまな加工品が次々と生まれている。このワックスは1グラム単位で販売しており、ダブと呼ばれる器具を使用して気化して吸引する。

◆エディブル（大麻加菓子）

このクッキーは嗜好用として販売されているもの。ワシントン州では、嗜好用のエディブルに含まれるＴＨＣは、１回分につき10ミリグラムまでと定められている。たとえば5本で50ドルのチョコバーも、1本には10ミリグラムのＴＨＣが含まれている。この量が、通常の大人が「ハイ」になるのに十分な量だとされている。医療用のエディブルにはそのような制限はなく、ＴＨＣやＣＢＤの濃度や割合はさまざまで、病状によって使い分けられている。

◆チョコレート

◆大麻成分の入ったグミ

◆キャンディ

〈CBD製品〉

陶酔作用がなく、さまざまな医療効果を持つCBDは昨今、医療用大麻として人気があり、数多くの製品が販売されている。ただし、CBD含有量の多い製品ではあっても、多少のTHCが含まれている製品が多く、一般に健康サプリとして売られているヘンプ由来のCBDオイルとは含有成分が異なる場合が多い。

◆CBDオイル

シャーロッツ・ウェブという名前のCBDオイル（写真は2014年当時。現在はデザインが変わっている）。THCの含有量が0.3%未満の「産業用ヘンプ」に分類される大麻草から抽出するため、アメリカ全州で合法化されている。小児てんかんなどに効果がある有名なオイルである。全員に効くわけではなく、10〜15%は症状が劇的に改善し、60〜70%の子どもには何らかの効果があり、残りの10〜15%には効果がないなどの個人差がある。5000ミリグラムのボトルが250ドルで購入できる。アメリカのCBDオイルは茎からではなく、花穂を含む全草から抽出しているものが主流である。というのも、各種カンナビノイドや、テルペンやフラボノイドなどの成分から生まれる相乗効果が薬効に大変重要であり、それらは花穂に最も豊富に含まれるからである。1日100ミリグラム使用して50日間分。1日5ドルと現実的な価格である。最近は粗悪なオイルも急増しており、CBDの入っていないものもあるという。ここ数年、CBDオイルは日本でも注目されているが、輸入コストや手続きの問題からか、CBDの含有量が少なく、医療用としては残念ながらアメリカと比較して高すぎるという問題がある。

◆カプセルに入ったＣＢＤオイル

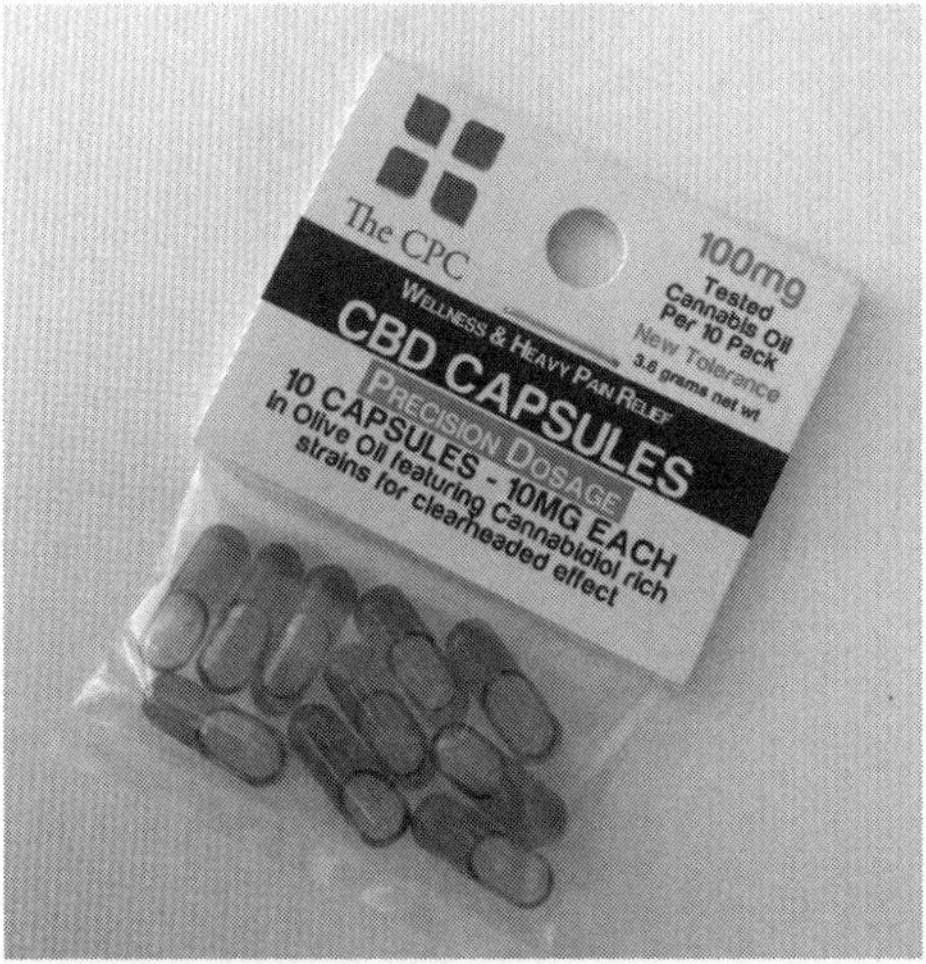

◆ポンプに入ったＣＢＤの原液

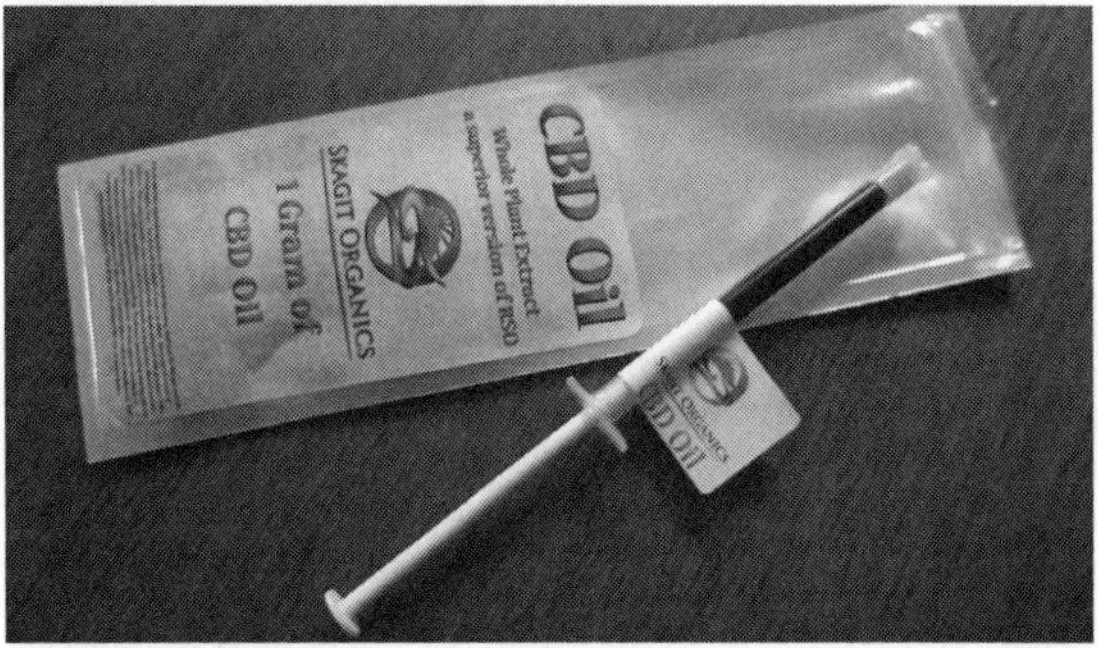

◆ＣＢＤオイル（カンナビノイド医薬品）

以前から使用されていたナビロンやドロナビノールなどの製剤は、合成ＴＨＣを主成分としていた。しかし、カンナビノイド医薬品は、大麻由来の成分である。

◆エピディオレックス（Epidiolex）

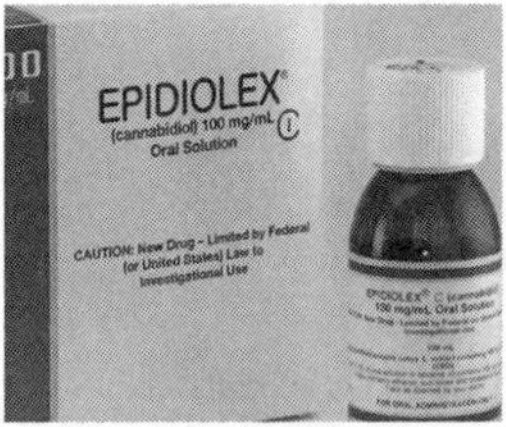

GW製薬の米国子会社Greenwich Biosciencesが開発した難治性てんかんの一種であるレノックス・ガストー症候群（LGS）またはドラベ症候群に関連する発作の治療のための抗てんかん薬（AED）である。ＴＨＣをほとんど含まず、ＣＢＤ含有率が高い大麻草のクローン株からCO2抽出された植物性原液（BDS）からつくられたものであり、1本100ミリリットル中に1万ミリグラム（10％濃度）のＣＢＤを含有する。2歳以上の患者を対象とし、20mg/kg/日を標準摂取量としている。

◆サティベックス（Sativex）

ナビキシモルス（Nabiximols）の商標名である。サティベックスは、イギリスの会社GWファーマシューティカルズによって開発された、カンナビノイド口腔用スプレーである。多発性硬化症（MS）患者の神経因性疼痛、痙縮、過活動膀胱、ほかの症状の緩和に用いられる、筋肉けいれん、睡眠障害、疼痛を含む多発性硬化症の症状の治療薬として優れた可能性を示す。

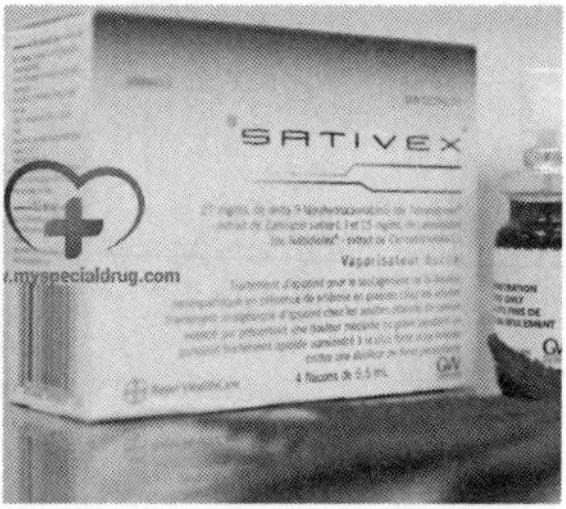

myspecialdrug.com

アメリカの現状

アメリカの多くの州で、医療大麻は州法で合法となっている。

医療大麻が合法になったと聞くと、病院で医者に大麻を使って治療してもらうイメージを持つ人がほとんどであろう。しかし2018年3月の時点では、医療大麻は連邦法で規制されているため、たとえ州法で合法であっても医療機関では大麻を扱うことはできない。使用する患者たちは、ディスペンサリーで大麻やオイルなどを入手したり、自家栽培してキッチンでオイルを抽出したり喫煙するなどの方法で患者自身が治療を行っている。医療大麻の基本は、民間療法であると言ってもいいだろう。

皮膚がんに有効とされるリック・シンプソン・オイル

濃縮カンナビノイドオイルは、総称して「リック・シンプソン・オイル」と呼ばれている。最近では「FECO」(Full Extract Cannabis Oil)という呼び方が一般的になっている。このオイルは、カンナビノイド含有量が85％もしくはそれ以上という、非常に濃度が高いものである。

リック・シンプソン・オイルの生みの親は、カナダ人男性の大麻活動家のリック・シンプソンである。彼は、以前にラジオで聞いた「大麻は、がんに効く」という言葉を信じ、マリファナを溶剤に浸けてカンナビノイド成分を抽出した。そのオイルを、顔にできた皮膚がんに絆創膏で4日間湿布した結果、がんが剥がれて新たな肌が再生していた。

彼は、警察からの妨害や社会の不理解と戦いながら、この自家製オイルを周囲の患者たちに無料配布するとともに、オイルのレシピを一般に公開した。彼の草の根的な活動によって、5000名以上の患者の命が救われた。

この高濃度のオイル60グラムを90日間で摂取する「リック・シンプソン・プロトコル」と呼ばれる施術方法も公開されており、多くの患者が治療を行っている。

一般に「カンナビノイドオイル」と呼ばれるものは、この濃縮オイルを、オリーブオイルやココナッツオイル、ヘンプシードオイルなどで薄めたものである。

ＣＢＤとＣＢＤオイルとは何か？

ＣＢＤとは、大麻の薬効成分であるカンナビノイドの１つであるカンナビジオールのことである。ＴＨＣのような向精神作用はなく、てんかん、アルツハイマー病、パーキンソン病、多発性硬化症、神経性疼痛、統合失調症、社会不安、抑うつ、抗がん、吐き気抑制、炎症性疾患、関節リウマチ、感染症、クローン病、心血管疾患、糖尿病合併症などの治療効果を有する可能性があることが報告されている。

ＣＢＤオイルは、大麻の薬効成分であるカンナビノイドの１つであるＣＢＤ（カンナビジオール）を抽出したものであり、市販のものにはオリーブオイルなどで希釈したものもある。その効能は多岐にわたり、現在も効能についての研究が続けられている。ＣＢＤの大きな特徴に、薬効成分ＴＨＣの精神活性作用である「ハイ」になる効果を抑える働きがある。そして、ＣＢＤを摂取すると落ち着いた気分になり、うつ状態にも効果があるといわれている。また、小児てんかんにも効果があり、アメリカを中心に多くのてんかんの子どもたちが、ＣＢＤを摂取している。日本国内では食品として輸入され、販売されている。

がんの治療に対しては、通常は、高濃度のＴＨＣなども含まれるカンナビノイドオイルを使用して治療を行うが、ＣＢＤ単体でもがんにも効果がある。しかし、その場合には大量のＣＢＤオイルが必要である。一般には、一日５００〜１０００ミリグラムのＣＢＤ原液を最低３カ月摂取した後に、少量を生涯摂取する必要があるという。だが、この量のＣＢＤを国内で摂取するとなると、現在の日本では経済面からも現実的とは言えないだろう。しかも食品として少量が使われるのであればまだしも、がん治療のために大量に長期使用した際に、万が一他の残留物が含まれていた場合、患者は大きなダメージを受けることになるので、十分な注意が必要である。

ＣＢＤオイルは「フルスペクトラム」が理想

ＣＢＤオイルに限らず、カンナビノイドオイルには、大麻草のすべての成分が入っていることが理想である。つまり、ＣＢＤやＴＨＣなどの特定の物質だけを取り出すのではなく、大麻からすべてを抽出した状態が効果的と言われている。これを「フルスペクトラム」と呼ぶ。ＴＨＣやＣＢＤやＣＢＮ、ＣＢＧなどとともに、香り成分であるテルペンやフラボノイドなどが相互作用する「アントラージュ効果」によって、大麻の薬効が十分に引き出せるのである。

現在、日本で流通されている多くのＣＢＤオイルは、「フルスペクトラム」ではなく、ＣＢＤ単体か、それに他の植物由来のテルペンを混合するなどの加工をした製品である。日本で合法的にＣＢＤオイルを流通させるためには、現状ではこの方法しかないのだ。日本のＣＢＤオイルは、アメリカで流通しているＴＨＣなどが自然の配合で含まれている「カンナビノイドオイル」とは別のものだと認識したほうがいいだろう。

大麻取締法では、カンナビノイドが含まれている花穂や葉の部分を加工したものは所持や輸入が禁止されている。本来のカンナビノイドオイルは、この花穂から抽出される。しかし、大麻取締法がある日本では、ＣＢＤが微量に含まれている大麻の茎からＣＢＤを抽出し、濃縮した上で製品化している。この過程で、茎に微量に含まれた重金属や農薬も一緒に濃縮されてしまう恐れもある。

実際に、アメリカ国内では数社の製品から、それらの成分が検出された例もある。また、茎にも極微量にＴＨＣが含まれるため、ＴＨＣの含有量０・２％以下であれば厚労省麻薬取締部と税関も当初は認めていた。しかし、近年では判断基準が高くなったようで、２０１９年3月現在、99％以上の純粋なＣＢＤ以外は輸入できなくなっているようだ。また、海外のメーカーによる茎から抽出したという証明書と抽出している写真を添付するようにという要求もある。一方で、最近は新規事業者に対して寛容なケースもあるようだ。いずれにせよ、まだ明確なガイドラインはない。

ＣＢＤオイルは、重金属や農薬などの不純物が入っていない限り、安全な物質である。1日も早く、花穂から抽出した安全で安価なフルスペクトラムＣＢＤオイルが、民間薬や健康食品として流通されることを望んでいる。

２０１９年以降、日本国内におけるＣＢＤの扱いが大きく変わってくる可能性が高い。今後、厚生労働省がＣＢＤをどのように扱うのかについて、注目が集まるだろう。

ＷＨＯによる歴史的な評価、そして国連へ

２０１８年６月、スイスのジュネーブで開催された世界保健機関（ＷＨＯ）の機関の１つである薬物専門家委員会（ＥＣＤＤ）で、大麻の健康と安全に関して科学的に評価された。その結果、大麻は「比較的安全な薬物」であり、世界中の何百万もの人々がすでに数多くの病状を管理するために使用していることを指摘した。また、純粋なＣＢＤは国際薬物規制の対象外であると勧告している。

これらの結果をもって、ＷＨＯは国連事務総長と国連麻薬委員会（ＣＮＤ）に対して国際条約上の規制見直しを勧告した。その内容は以下の通りである。

１．大麻および大麻樹脂について、「麻薬に関する単一条約」のスケジュールⅣ（治療効果のない最も危険な薬物）から削除する。

2．THC（テトラヒドロカンナビノール）については、「向精神薬に関する条約」のスケジュールⅡ（乱用の危険性があり、医療価値が極小から中）から削除し、「麻薬に関する単一条約」のスケジュールⅠ（依存性が強い麻薬）に追加する。

3．THCを含む医薬品は「麻薬に関する単一条約」のスケジュールⅢ（除外製剤）に加えられる。

4．CBDについては、規制対象から外される。また、THC含有量が0・2%以下のCBDを含む医薬品についても、規制の対象外となる。

5．大麻のエキス及びチンキ剤を、「麻薬に関する単一条約」のスケジュールⅠ（依存性が強い麻薬）から削除する。

これらの勧告は、大麻と大麻樹脂とTHCを同じカテゴリーに置くことで、規制の程度に矛盾が生じないようになっている。そして、何よりも画期的なことは、大麻には従来から想定されていたような重大な害は存在せず、医療利用が可能な物質であるということを、国際機関が初めて認めたということである。THCを

「麻薬に関する単一条約」のスケジュールIに位置づけた点は気になるが、そこには、合成THCの問題などもあるのだろう。

いずれにせよ、世界中が医療用大麻を合法的に利用し始めている今、国際条約などのルールが大きな矛盾を孕んでいる状態にある。WHOと国連は、この矛盾を早期に解決して、健全な大麻の利用ができるような国際プラットフォームをつくろうとしている。

2019年1月にWHOから勧告を受けた国連は、2020年3月に開催される委員会において、国連麻薬委員会（CND）で投票権をもつ53カ国の採決によって大麻の再スケジュールを行うとみられている。その一方で、国連の中で独立性を有する統制機関である国際麻薬統制委員会（INCB）は、WHOの勧告に対して、「嗜好および医療大麻についてのいくつかのプログラムは国際薬物規制条約に反する」との見解を2019年2月に示している。

だが、WHOによって大麻の安全性が科学的に評価されたことは、今後の世界の大麻の医療利用にとって、大変画期的なことである。WHOも国連も、20世紀からアメリカ主導で行われてきた大麻規制に対して、ようやく見直しを始めた。

世界中の科学者や医者が大麻についての科学的論文を発表し、多くの家庭で、母親のつくるカンナビノイドオイルが家族たちの命を救っている。その一方でその行為によって、多くの人が逮捕され、社会的な制裁を受けている。大麻規制は、人権問題と深く結びついているのである。

アメリカの農業政策がCBD市場を拡大させていく

2018年12月、トランプ大統領は4年に一度見直される農業に関する法律「2018ファームビル」に調印した。この法律は低所得農家への補償など、幅広い農業政策を行うための指針となるものである。今回の法案の中には、産業用大麻に関するものもあり、これが認められたことでアメリカにおける産業大麻の動きが大変活発になってきた。

アメリカ連邦法では、産業大麻はTHCが0・3%以下のものと定義されている。これまでは産業大麻であっても連邦法によって規制植物とされていたが、「201

8ファームビル」よって産業大麻は規制対象外となり、繊維や資材用に栽培されていた産業用大麻からも麻の実由来の食品や医療用のCBDを抽出することが可能になった。

少しわかりにくいので整理する。アメリカではTHCが0・3%を超える大麻をマリファナとして医療や嗜好に使用している。これはTHCにも効果を求めるからである。もちろん、これらの種類からもCBDは採れるが、THCが0・3%以下のCBDオイルであれば、産業用大麻からも取ることができる。

「2018ファームビル」によって、全米で産業用大麻が合法になった。それにより、産業大麻から抽出したCBDオイルも、アメリカ連邦法の規制を受けずに全米に流通させることが合法となったのである。

連邦法では未だにCBDもスケジュールIという大麻規制の厳しいカテゴリーに指定されているが、2018ファームビルでは、この法案に則った方法で栽培したヘンプから抽出した製品は、規制薬物であるスケジュールIから除外することとした。つまり、産業用大麻から抽出したカンナビノイドは、すべて合法となったのである。これにより、事実上、アメリカではＣＢＤはまったく規制を受けずに取り扱うことが可能となった。

ＣＢＤ製品の市場は今後ますます拡大していくだろう。２０２０年には２・４兆円の市場規模になるとの予測もある。

ＷＨＯにおける日本団体の発言

ＷＨＯは２０１８年11月に、大麻および大麻関連物質について話し合うために、第41回薬物専門家委員会（ＥＣＤＤ）を開催した。そのオープンセッションの中で、日本で医療大麻の合法化を働きかけている団体である「ＮＰＯ法人医療大麻を考える会」の前田耕一代表理事がスピーチを行った。

前田代表は、日本の大麻取締法の成立の経緯を説明したうえで、大麻取締法第四条によって研究や臨床実験を行うことができず、日本がいかに立ち遅れているかについて説明した。また、医療用に大麻を栽培や所持していたという理由で逮捕された方たちを紹介し、日本における医療大麻合法化がいかに急務であるかを訴えた。そして最後に、ＷＨＯ加盟国と日本政府へ以下の要望を述べた。

１．２０１９年３月、ＷＨＯ（ＥＣＤＤ）の推薦に基づき、国連麻薬委員会（ＵＮＣＮＤ）で単一条約における大麻のカテゴリー分類見直しが協議される。加盟国は賛成すべきである。

２．日本政府は患者が大麻による恩恵を受けられるように、大麻取締法を見直すべきである。患者たちは、処罰ではなく政府の助けを求めている。

前田代表のスピーチは、大きな拍手を持って受け入れられた。日本で活動する団体が、国際会議で日本の現状を訴えた意義は大きい。

日本は医療大麻を禁止している

日本の大麻取締法には、海外諸国にはない規制内容がある。それが第四条である。これにより大麻の医療利用は以下のように厳しく制限されている。

「大麻取締法第四条」（抜粋）
1　何人も次に掲げる行為をしてはならない。
一　大麻を輸入し、又は輸出すること。
二　大麻から製造された医薬品を施用し、又は施用のため交付すること。
三　大麻から製造された医薬品の施用を受けること。（以下略）

つまり、日本では大麻を医療利用した場合、施術した医者も受けた患者もともに罰せられるのである。この法律は、戦後間もなくつくられた。日本の重要な繊維産業を支えていた大麻農家を守るため、当時、あまり価値が知られていなかった医療用大麻を、いわばスケープゴートとして禁止したと推測される。日本はこの第四条があるため、臨床試験もできず、治療にも使用できないという状態が続いている。

山本医療大麻裁判

２０１５年12月、都内で50代の男性が大麻所持で逮捕された。

◆末期がん患者の山本さん

末期がん患者の山本さんは、自ら治療に大麻を所持栽培し、逮捕された。
裁判所には多くの傍聴が集まり、内外のマスコミも注目した。　報道ステーション

山本正光氏は末期の肝臓がんであり、余命6カ月と宣告されていた。医者からすでに治療方法はないと言われた彼は、大麻ががんに効くという情報を学び、自宅で栽培し、使用していた。この日も、突然襲ってくる痛みを治めるために、タバコ状にした大麻を所持していたところ、職務質問を受けて逮捕されてしまった。

前述のNPO法人医療大麻を考える会が支援を行い、裁判が始まると、多くの人が傍聴に訪れた。

山本さんは裁判官に、こう発言した。

「大麻以外に治療方法があるなら教えてほしい。もしもそれがあるなら、僕はそれを使い

ます」約半年間におよぶ5回の公判は、海外の新聞社も含めた多くのマスコミが注目した。テレビのニュース番組でも特集が組まれるなど、世間の関心も高まっていった。しかし、残念ながら判決を聞くことなく、山本さんは亡くなり、その時点で裁判は終了した。

だが、山本さんの命をかけた行動は、その後の医療大麻に対する社会の意識に、確実に影響を与えた。

医療大麻選挙とその後

２０１６年の参議院選挙に、女優である高樹沙耶が立候補した。公約は「医療用大麻の合法化」だった。このニュースは日本中で話題になり、医療大麻とは何かというテーマが、一般の会話の中でも話題に上るようになっていった。

「医療用大麻の推進を訴えていきたい。日本の法律は厳しく、麻薬と誤解を受けている。医療用大麻は世界で使われているが、我が国では研究すら厳しい」

「海外の立証が真実なら、私たちの国で行われていることは、人権侵害にもつながるのではないか」

高樹の発言を聞いて、医療大麻の存在を初めて知った人も多い。結果的には高樹は落選する。そしてその年の10月、自宅で大麻を所持していたとして、高樹沙耶は逮捕されてしまう。このニュースは日本中を駆け巡り、マスコミを通して彼女へのバッシングが続いた。その一方で、彼女の一連の行動によって、医療大麻の存在が日本でも明確になり、２０１９年現在、高樹自身もメディアに復活して、その有用性を説いている。

戦後初めて医療大麻についての国会質疑が行われた

２０１６年3月、参議院予算委員会において、新党改革の荒井広幸党首（当時）が、医療大麻について質問した。質問に答えたのは、塩崎厚生労働大臣と厚生労働省医薬・生活衛生局長の中垣英明氏である。

以下、要点を抜粋してみよう。

〈第190回国会　参議院予算委員会　第10号〉平成28年3月7日（月曜日）

荒井議員　認知症に対して、大麻の持つカンナビノイドという成分がアミロイドベータというようゆる認知症のもとになるだろうと言われているものを防いでいく効果があるという研究報告が出ています。どのようにこれを受け止められますか。ほとんど厚生省には、その出典全部登録していますから、細かいこと要りません、うそですとか分かりませんとか、はっきり言ってください。

政府参考人（中垣氏）　今委員御指摘ございました、アルツハイマー病の原因の1つと目されますアミロイドベータの蓄積をカンナビノイドが防ぐという研究論文が存在すること自体は承知いたしております。

現時点におきまして、この論文の評価が十分なされているかどうかということは承知いたしておりませんけれども、化学合成いたしましたカンナビノイドにつきましては、麻薬研究者として免許を受ければ、麻薬及び向精神薬取締法によりまして国内での医療用途の研究が可能となっておるところでございます。（略）

――厚労省は、論文の存在は認めるが、その評価については知らないという。また、日本では大麻の医療用の臨床試験も禁じられているため、天然のカンナビノイドは研究に使用できないが、合成カンナビノイドは使用できると答弁している。なぜ、合成がよくて、天然由来は使用してはいけないのかについて、荒井議員は追求する。

荒井議員　アメリカ連邦政府が抗酸化物質及び神経保護剤としてカンナビノイドの特許権を所有している、連邦政府がカンナビノイドについて特許を持っているというのは御存じですね。

政府参考人（中垣氏）　アメリカ政府が抗酸化物質及び神経保護剤としてのカンナビノイドの特許権を所有している事実につきましては承知いたしておりますけれども、その経緯、目的などの詳細については把握しておらぬところでございます。

――アメリカ連邦政府は、大麻を極めて依存性が高く、医療としての使用価値がないものとしてカテゴライズしている。しかし、そのアメリカ連邦政府自体が、がんにも有効な抗酸化物質及び神経保護剤という主要な医療用の特許をすでに取得している。この矛盾を指摘した上で、さらに追求が続く。

荒井議員　アメリカ合衆国の国立衛生研究所、いわゆるＮＩＨですね、この中に、国立がん研究所、ＮＣＩというのが存在します。ここは、ウェブサイトで明確に発表しておりますが、２０１５年８月、ついこの間です、がん医療における、今度はがんですよ、がん医療におけるカンナビノイド利用の可能性を認める内容に変更しているんです。これについての事実関係はどうですか。

政府参考人（中垣氏）　アメリカ国立がん研究所あるいは今先生が御指摘になったＮＩＨ、アメリカ国立衛生研究所の公式見解を示すものではないということが明記されておるところでございます。

荒井議員　公式見解を示すものではないといっても、特許まで持っているんですよ。つまり、どういうことを言いたいか。だからこそ、日本は日本独自で、悪用されないように大麻を管理しながら、医薬用に使えるのか使えないのかの知見を集めるべきだと言っているんではないですか。これに何で反対するんですか。何で反対するか分からない。厚労大臣、反対ですか、研究することが反対なんですか。

塩崎厚生労働大臣　ヨーロッパの一部やアメリカの一部の州において医療用途での大麻の使用が認められているということは私も存じ上げているわけでありますが、アメリカの連邦法では大麻は禁止薬物として規制をされていまして、ＦＤＡ、食品医薬品局も、いわゆる医療用の大麻や大麻抽出物を医薬品として認可をしているわけではないということでございますし、また、ＷＨＯは、現時点において医療における大麻の有効性について科学的根拠があるとは認めておらず、精神毒性、依存性がある有害なものと評価をしておりまして、国際的にも、大麻は国際条約によって規制をされているわけでございます。

このような国際的な状況や、我が国では大麻と同様の成分の危険ドラッグの乱用が大きな問題となっていることから、医療用の大麻を認める状況にはないと判断をしてきているところでございます。

厚生労働大臣として恐らくこれが、戦後初めての医療大麻に関しての発言であろう。厚労大臣は、医療大麻を認められない理由として、アメリカ合衆国の状況を述べている。しかし、アメリカ合衆国は２０１８年12月に、ＴＨＣ０・３％未満の産業用大麻から抽出したＣＢＤを合法化している。

また、ＷＨＯは２０１８年の段階で、大麻は医療用に効果があり、強い有害性は認められないという公式見解を示している。そして２０１９年２月、国連麻薬委員会（ＣＮＤ）は、この結論をどのタイミングで加盟国に勧告するかについて、各国の意見を聞いた。カナダやウルグアイ、アメリカ、ＥＵなどは、積極的に実施を希望する発言をした一方で、日本は勧告自体を延期するよう呼びかけた。各国への勧告は、２０２０年以降に持ち越しとなった。

日本でも医療大麻の可能性がひらいた

２０１９年３月19日。秋野公造参議院議員は、沖縄北方特別委員会において、大麻由来製剤であるエピディオレックスの国内での使用について質問した。公明党所属の秋野議員は長崎大学医学部卒業後、カリフォルニア州の病院勤務を経て、厚生労働省に入省したという経歴を持っている。２０１９年現在、秋野議員は沖縄におけるてんかん治療の充実に力を注いでおり、２０１８年に沖縄赤十字病院が「てんかん拠点病院」となったことから、更なる治療の可能性のために大麻成分由来の「エピディオレックス」の使用が可能かについて厚生労働省に質問した。解説を入れながら、発言を一部抜粋する。

〈第１９８回国会　参議院　沖縄及び北方問題に関する特別委員会〉

平成31年３月19日（火曜日）

秋野議員　（略）ドラベ症候群をはじめとして、まだまだ難治の患者さんが治療法を多く求めています。資料では米国で大麻から作られたエピディオレックスという医薬品が、てんかんの薬として承認を受けました。これは、てんかん拠点病院で、ドクターにとっても患者にとってもニーズがあります。

このクスリを医師が個人輸入して、患者の治療に用いることができるかについて、先ずお伺いをしたいと思います。

厚生労働省森審議官　お答えします。委員ご指摘のエピディオレックスは、大麻から抽出されましたカンナビジオールという有効成分を有する医薬品でございまして、昨年6月米国FDAにより重度のてんかん治療薬として承認されたと承知しております。

一方、我が国の大麻取締法第4条第1項には、「何人も大麻から製造された医薬品を施用し、又は施用のために交付する行為や施用を受ける行為をしてはならない」という規定がございます。また、大麻を研究する目的で使用する免許を都道府県知事から受けたもの、すなわち大麻研究者が、厚生労働大臣の許可を受けた場合を除きまして、大麻を輸入してはならないという規定がございます。

したがいまして、現行法のもとではご指摘の医薬品が大麻から製造されている場合には、当該医薬品を国内において患者に施用することはできず、また、施用する目的で輸入することも出来ないということでございます。

――この厚生労働省の回答は、大麻取締法第４条に基づき、以前と変わらないものである。

秋野議員　そうなりますと、医薬品としてダメということであれば、治験として用いる。これはどうでしょうか？

――この薬は日本国内ではまだ承認されていない。「治験として用いる」すなわち臨床試験を行うことで、この薬を患者に用いることが可能であるかという問いかけである。

厚生労働省森審議官　はい、お答えいたします。

大麻研究者である医師のもとで、厚生労働大臣の許可を受けて輸入したエピディオレックスを、治験の対象とされる薬物として国内の患者さんに用いることは可能であると考えます。なお、この治験は適切な実施計画に基づき、その計画で定められた対象の患者さんに限って実施されるということが必要でございますし、実施計画が届けられました際には、その内容をしっかりと確認する必要があるというふうに考えてございます。

――戦後初めて、大麻成分の医療利用への可能性が大きく開いた瞬間といえよう。法改正も含めて、日本の医療大麻政策は、急激に変化していく可能性がある。今後、エピディオレックスのような大麻製剤に限って使えるようにするのか？　大麻全体を見据えて、積極的に研究開発をすすめるのか？　どちらへ向かうのかはまだ不透明ではあるが、患者や医師が大麻の使用について多くの選択肢を持つことが、一番大切なことであろう。日本政府も、医療大麻の研究と開発をダイナミックに推し進めることで、世界マーケットへの進出も可能になってくる。

ところで、2013年に荒井議員が医療大麻の可能性について国会で質問した際には、厚生労働省は「施術とともに臨床試験についても不可能である」と答弁している。それに対して今回は、治験に関して、それについての理由は述べていないが、「可能である」と述べている。政府や省庁が大麻取締法の運用方法を変更することで、このようなことが可能になるという、顕著な例と言えるだろう。

日本で活動する医療大麻関連団体

日本にも医療大麻の合法利用に向けて活動する団体が存在する。

「ＮＰＯ法人医療大麻を考える会」は、１９９９年の発足以来、難病で苦しむ患者さんに寄りそいながら、法改正を目指して活動を続けている。医師や研究者とともに、会員である多くの患者さんによって構成されている。

２０１５年９月に設立した団体が「日本臨床カンナビノイド学会」である。医師や研究者の他に、ＣＢＤの製造や販売にかかわる人たちもメンバーとして参加している。世界で注目され、研究が進むカンナビノイドについて、日本でも研究を進めていくために、医療従事者を対象に設立した。カンナビノイドに関する研究を推進し、知識の交流を通じて日本の医療・福祉に寄与することを目的としている。現行法上の制限があるため、ＣＢＤに関する臨床研究および機能性食品としての評価からスタートし、活動している。

海外の医療大麻研究の進展と臨床使用の実情を日本でよりよく知ってもらうことを目的に設立されたのが、「一般社団法人 GREEN ZONE JAPAN」だ。２０１７年７月の設立以来、カンナビノイド研究の第一人者を招聘し、国内で講演会を行い、カンナビノイドに関する映画を翻訳し上映するなど、精力的に活動している。

この他にも、昨今の医療大麻の情報を知り、日本各地で勉強会や講演会を行う人たちが増えてきている。

２０２０年、東京パラリンピックと医療大麻

２０２０年に東京でオリンピックとパラリンピックがある。

世界アンチドーピング協会（ＷＡＤＡ）は、２０１８年１月１日から、ＣＢＤ

をドーピング薬物の規制から完全に外した。これにより、アスリートたちは、何の規制も受けずに、ＣＢＤを使用することができる。当然、東京で開催する際にもＣＢＤを使用しているアスリートたちは、愛用のＣＢＤを持参し、使用するだろう。しかし、ここに1つの問題がある。

日本では花穂や葉などからＣＢＤを抽出したものは所持が禁じられている。アスリートたちも我々同様に、茎から抽出したＣＢＤでなければ使用はできない。また、パラリンピックの選手の中には、痛み止めとしてＴＨＣなどのカンナビノイドを使用している場合もあるかもしれない。

世界各国が、そして国際条約までもが大麻に対しての状況の変化に対応し始めている。国際社会から注目を集める２０２０年の東京オリンピック、パラリンピックでは、どのような対応をとるのだろうか。

民間薬としての大麻

医療大麻は、日本でも合法化の方向に向かっていくだろう。しかし、その際に

1つの懸念がある。

大麻の医療利用には、大きな利点がいくつかある。その1つは、コストの問題である。大麻を数鉢、他の薬草とともに自宅で栽培することで、リウマチや関節痛にも十分使用可能な量の大麻が採れる。このような行為は危険ではないかと驚く方も多いだろう。しかし、日本でも昔から大麻は薬草として使用されてきたのである。

大麻は戦前までは薬局で喘息の薬などとしても販売されていた。また、大正14年発刊の『薬草薬木速治療法』という本には、花穂の部分をほぐしてタバコに混ぜて吸うと、喘息や疼痛が治るとある。日本でも、大麻は民間薬の1つとして使用されてきた。

大麻は民間薬として使える、大変有益で安全な薬草なのである。

ところで、「大麻の『麻』は麻薬の『麻』である。だから大麻は麻薬なのだ」という意見をよく耳にする。しかし、それは大きな誤りである。大麻の『麻』は、家の中で麻を裂いて、こすって、干す様子を、林という形で表しており、『麻』は

◆戦前の日本では大麻は民間の薬草であった

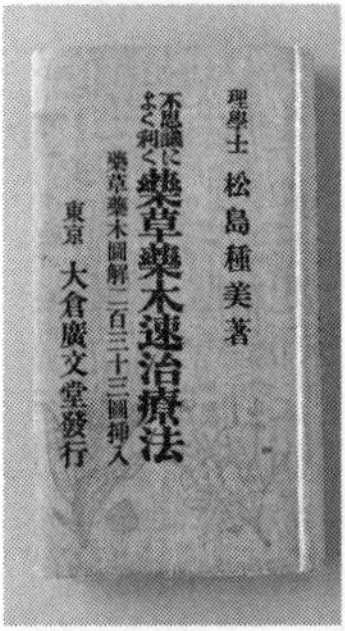

撮影　宗野歩

◆一般家庭で広く読まれていた薬草のガイドブック「薬草薬木速治療法」

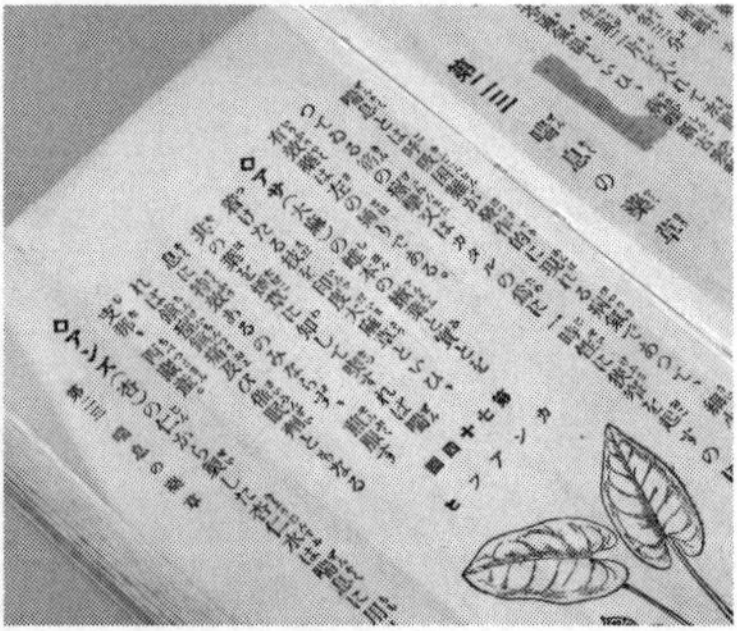

撮影　宗野歩

「其の葉を煙草に和して喫すれば喘息の特効あるのみならず、煎服すれば鎮痙鎮痛及び催眠剤ともなる」とある。

「磨く」「摩る」という意味にも通じていく。一方、麻薬の「麻」は、本来はやまいだれに林と書く「痳れる（しびれる）」という文字であり、この文字を使って表していた「痳薬」という漢字が、1949年から定められた当用漢字表に従って「麻薬」と表記されるようになったのである。

医療大麻は紀元前から使用されていた

厚生省薬務局麻薬課発行の『大麻』に、次のように書かれている。

「大麻が医薬品として使用された歴史は古く、中国では紀元前2000年代に鎮静剤として使われていたようである。また、紀元後200年頃にも中国の魏で大麻を配伍した全身麻酔剤が使用されていたとの記録がある。

インドにおいても1000年も前から、大麻が医薬品として使われていた。即ち〝アユルベダ〟と呼ばれるインド古来の医薬品体系や〝Unani〟と呼ばれるアラビア(回教徒社会)から伝来した医薬品体系において、不眠症、神経過敏症、消化不良、下痢、赤痢、神経痛、神経炎、リューマチ、フケ、痔、らい病、便秘等にも使われていた。また催淫剤としても用いられていた。アルゼンチンでは破傷風、うつ病、疝痛、淋病、肺結核、喘息等の万能薬として、ブラジルでは、鎮静、催眠剤、喘息薬として、またアフリカでは土着民の間で炎症、赤痢、マラリヤ等に用いられていた。欧米に目を転じてみると、イギリスにおいては、一八〇〇年代にインドで生活したことのあるO'shaugnessyが、心身の苦悩の治療や疼痛、筋肉痙攣、破傷風、狂犬病、リューマチ、てんかんに使用しているし、アメリカでも一八〇〇年代に破傷風から肺結核までの万能薬として使われていた」

「わが国においても、大麻の医薬品としての応用について記した幾つかの文献がある。

1590年に中国の李時珍により編纂された『本草綱目』（一八九二種の医薬品が収載されている）がわが国にも伝えられている。同書には、〝麻仁酒〟と言う医薬品が紹介されている。その効能、用法は『骨髄、風毒痛にして、動くこと能ざるものを治す、大麻子の仁を取り、沙香袋に盛り酒を浸してこれを飲む』と説明されている」

医療大麻の歴史～イギリスが世界に紹介した

大航海時代以降、ヨーロッパ人たちはアジアやアフリカへの進出の中で、茶葉やスパイスとともに大麻草や大麻樹脂もヨーロッパへと持ち帰っていった。

1839年、イギリス東インド会社の医療業務部に所属していた、アイルランド人のウィリアム・オショーネシーは、インドで治療に使用されている大麻の研究結果を出版した。彼の研究報告に、強い衝撃を受けたイギリス医学学会は、カルカッタの医学大学で化学科教授に就任していたオショーネシーを、34歳という異例の若さでロンドン王立学会特別研究員に選出する。このことからも、当時のイギリス社会が、いかに大麻の存在に衝撃を受けたかがわかるだろう。

オショーネシーによって紹介された大麻治療は、ヨーロッパのみならずアメリカの医学界でも受け入れられていった。医学の世界だけではなく、パリに集まるボードレールやバルザックなどの芸術家たちも、陶酔作用をもとめて大麻を使用した。その後、ヨーロッパやアメリカでは、大麻による陶酔感を題材とした小説や芸術作品が、次々と発表される。

1893年、イギリス植民地だったインドにおいて、大麻について、初の近代的な研究が行われた。当時のインド帝国はイギリスの強い影響もあり、大麻は精神障害や犯罪を引き起こすとして、インド人の大麻の使用を非難していた。しかし、大麻はヒンドゥ教では神の草であり、ヒンドゥの神であるシヴァ神の化身でもある。そのような事情から、インドでは広く一般に大麻を吸引していた。イギリス人官僚は大麻の乱用を問題視し、1893年、インド担当国務大臣のキンバリー卿の任命により、「インド大麻薬物委員会」が設立された。4名のイギリス人と3名のインド人で構成されたこの委員会は、1年間に1193名の証人に聴き取り調査を行い、膨大な枚数で構成された調査報告書をイギリス政府へ提出した。

その内容は、「適量の大麻を用いることは有益でさえあり、その使用は医療的とみなすべきである」というものだった。また、「大麻の使用によっては、いかなる身体的障害も認められておらず、精神に有害な影響を与えることも、モラルの低下も見られない」と報告している。この報告内容は、その後の欧州における医療や嗜好のための大麻使用についても大きな影響をおよぼし、アルコールやニコチン、カフェインなどとともに、大麻もヨーロッパにおける嗜好品の1つに数えられる一因となった。当時のヨーロッパでは、大麻を嗜好品として陶酔作用を楽しむという行為に対して、アメリカのような強い拒否反応は持っていなかったのである。

万国アヘン条約が締結される前後から、イギリスをはじめとするヨーロッパ各国は、医療や嗜好品として大麻の使用を制限するよう、アメリカから強い要請が出始める。しかし、その度にヨーロッパ各国はその提案に強い反発を行ってきた。

万国アヘン第二条約が締結され、アメリカの要望通りに大麻が規制品目になった後も、英米同盟を結んでいるイギリス以外の欧州各国は、これに反発していった。つまり欧州各国は、医療用と産業用の大麻の使用について、現在まで積極的に禁止したことはないのである。それどころか、18世紀からイギリス王室でも使用されてきた大麻は、うつ病や生理不順などにも有効な医薬品として広く使われてきた。その一方で、大麻の効き方は患者の体調や環境も大きく左右し、効き目も医師には判断しにくいため、西洋医学では必ずしも使いやすい薬ではなかった。

そんな中、医学界に画期的な技術革新が起きる。１８５３年にフランスで注射器が発明されたのである。皮下に直接薬剤を投与するこの器具は、最先端治療としてヨーロッパ全土へ徐々に普及していく。モルヒネやヘロインやインスリンなどの化学薬品の注射は、大麻などの経口薬品に比べてはっきりとした効能が認められることから、大麻の使用は徐々に減っていった。大麻の成分であるＴＨＣは水には溶けないため、皮下投与ができないことも大きな原因であった。それらの実情が大きく影響し、事実上、イギリスでも医療として大麻を使用することはなくなっていった。

ヨーロッパにおいては、大麻は万国アヘン第二条約によって規制されたものの、アメリカのように麻薬として規制したという歴史は存在しないのである。

大麻活性成分THCの発見

1964年、エルサレム・ヘブライ大学のラファエル・メクラム教授は、大麻に含まれる精神活性成分のTHCが、「デルタ9テトラヒドロカンナビノール」であることを発見した。

この発見には、19世紀から続く医療大麻研究の歴史がある。19紀に西洋医学で大麻が広く使用されるようになると、その効果にむらがあることが明らかになった。大麻製剤に含まれる活性成分の量や品種や原産地などによっても品質にむらがあり、希望を満たす医療行為が行えないことが、大麻医療の欠点でもあったのである。そのため、大麻に含まれる活性成分を化学的に抽出する研究が、多くの研究者の間で始まった。

19世紀には植物化学が飛躍的に発展していた。さまざまな薬草から、「アルカロイド（植物塩基）」と呼ばれる物質が単離され、効能の正体が突き止められていった。例えば、コカの葉からコカインを抽出したり、あるいはマジック・マッシュルームの一種であるベニテングダケからはメスカリンの抽出も成功していた。

しかし、大麻から活性化合物を抽出する研究は、しばしば失敗に終わった。大麻の活性化合物は総称して「カンナビノイド」と呼ばれるが、ほとんどの植物のアルカロイドは水溶性であるのに対し、カンナビノイドはアルコールなどの有機溶剤にしか溶け出さないのも原因の1つだった。

19世紀中頃、イギリス・エジンバラにおいて製薬ビジネスを始めたT&H・スミス兄弟は、乾燥大麻からカンナビノイドを抽出することに成功する。スミス兄弟はこれを「カンナビン」と命名した。

19世紀末には、ケンブリッジで研究を行っていた化学者ウッド、スピヴィー、イースタフィールドの3人は、もう一歩進んだ発見をする。彼らはインド産のチャラス（大麻樹脂）を使用し、アルコールや石油エーテルから成分を抽出し、さらに分別蒸留を行うことで、大麻の液体樹脂である「ハシシュオイル」を含むさまざまな物質を単離することに成功した。３人はこれが活性成分であると考え、「カンナビノール」と命名した。１８９７年に発表された医学雑誌『ランセット』に掲載された助手の臨床実験記録によると、カンナビノールを経口投与した結果、精神変容作用が強く現れたと報告されている。しかし、この成分は当時出回っていた多くの大麻製品からも抽出することができたため、「天然カンナビノール」と改名された。

以後数十年間、カンナビノールが大麻の活性要素だと信じられていたが、１９２０年代、イギリスの化学者カーンが、カンナビノールの構造式を不完全ではあったが打ち立てることに成功する。

そして１９４０年代、ケンブリッジ大学の有機化学者アレクサンダー・トッドらが、カンナビノールをつくる中間段階で、デルタ９テトラヒドロカンナビノールの精製に成功した。そして、さらに20年後、先述のラファエル・メクラム教授らが、大麻の活性化合物は実際に１つしかなく、それがデルタ９テトラヒドロカンナビノールであることを発見するのである。

現在では、100種類以上の自然発生カンナビノイドの存在も発見されている。大麻は、これらの成分すべてが相互に作用し合って、精神変容作用を引き起こすことがわかってきた。

さらに合成THCの製造が成功したことで、大麻成分の医化学研究は飛躍的に進んでいった。1950年代から60年代にかけて、大学や製薬会社の実験室で、何百というTHC誘導体がつくり出されていった。THC誘導体にある有効特性は、嘔吐を和らげる作用や鎮痛作用であったが、これらの作用を麻酔効果から分離することができなかったため、新薬としての実用化には至らなかった。しかし、これらの研究が行われてきたことにより、THCの構造活性がより細かくわかるようになってきたのである。

THC誘導体の研究の1つに、アメリカのファイザー製薬による強力な合成THC誘導体「ナランドール」がある。この誘導体は、鎮痛的特質を持ち、モルヒネが効かない痛みに作用する性質を持っている。

1980年代の初めに、ファイザー製薬は、ナランドールの発展系として、「レヴォナントラドール」を開発する。そして、この化合物の臨床実験を進めていった結果、モルヒネよりもはるかに有効な鎮痛作用が認められた。そして、化学療法中のがん患者の嘔吐などを抑制する効果があることもわかった。しかし、精神活性作用もともなうため、ファイザー社では、以後、この課題の研究を断念してしまう。

１９８５年、大麻の有効成分であるＴＨＣの一部を抽出してつくられた合成カンナビノイド製剤「マリノール」がアメリカ食品薬品局（ＦＤＡ）に承認され、ユニメッド製薬から発売される。これには、がんの化学療法に効果があると知られていた大麻の使用を抑制していこうという連邦政府の狙いもあったのだが、合成ＴＨＣをゴマ油に混ぜてカプセル状にしたこの薬は、入手手続きが煩雑な上、天然の大麻よりも効き目が低く、挙句にストリートで非合法に入手可能なマリファナよりも高価だったため、一般の使用へとは繋がらなかった。

人工カンナビノイドから医化学製剤をつくり出す試みは、鎮痛作用などの効果から陶酔作用を切り離すことができず、また、研究開発した薬剤よりも天然の大麻草そのもののほうが効き目がよいこともあり、1980年代には大手製薬会社は研究開発から撤退していた。

しかし、それと変わるように、大麻草を医療目的に使用する研究が盛んになっていった。1974年、フレデリック・プラントンが、大麻が眼内圧を下げる効果を利用して緑内障の治療を成功させた。緑内障は眼圧を調節する機能が低下することによって眼圧が異常に上がり、最終的には失明の恐れもある病気であるが、現在、これを抑制する薬剤には強い副作用があり、うつ病を引き起こす危険性がある。そこでプラントン博士は、大麻を摂取することにより眼圧が下がるという事実を医療に取り入れていったのである。

1976年に、米国保険・教育・福祉省から発行された『マリファナと健康』第5リポートによると、大麻は眼内圧降下、気管支拡張、抗けいれん、腫瘍抑制（抗がん作用等）、鎮静睡眠、鎮痛、麻酔前処置、抗うつ、抗吐などの作用があり、アルコールや薬物依存にも効果があることが記載されている。大麻を吸引すると、目が充血してくることが多々あるのだが、これは眼球の中の圧力が低下してきている結果である。

大麻による眼内圧低下の作用は、医学界にとって朗報であった。そして2年後にはミシシッピ大学でも大麻は緑内障に有効であることが証明される。このことがきっかけで、フロリダ、ニューメキシコ、ハワイ、インディアナ、イリノイの各州では大麻を医学に使用することが合法化された。

そして、１９８０年代のエイズの発生により絶望に追い込まれたＨＩＶ患者たちは、大麻が自分たちの命を救ってくれることを、経験的に学んでいったのである。その後、医療大麻は、痛みをともなう筋けいれんを引き起こす脊髄損傷患者や多発性硬化症（ＭＳ）に苦しむ人々にも使われている。彼らから発せられた魂の叫びが、医療大麻の必要性を世界中に認知させていったのである。

日本の最新科学が脳内マリファナを発見した

１９８９年、アメリカ国立精神衛生研究所の研究チームが、人間の脳内に「エンドカンナビノイド・レセプター・システム」があることを発見した。このことから、先述のように、人間の脳の中で大麻の陶酔成分と同じものが生成・分泌されていることが判明した。

１９９２年、ラファエル・メクラム教授らは、脳内にマリファナ様物質があることを突き止め、サンスクリット語の至福を意味する「アナンダミド」と名づけた。また、帝京大学の杉浦隆之教授らによって２‐アラキノイドトリグリセロール（２‐AG）が発見された。これによって、人間は脳の中でマリファナと同じ成分を分泌していることがわかってきた。

２００１年には、カリフォルニア大学サンフランシスコ校のニコルと、金沢大学の狩野方伸教授が同時期に、脳内マリファナが脳内の逆行性信号伝達にかかわっていることを明らかにした。つまり、脳の働きの一部に、脳内マリファナは重要な役割を担っており、このシステムが破綻すると、身体的・精神的な疾患に繋がることがわかってきたのである。

このように、アメリカでは連邦政府が厳しく使用を制限している一方で、さまざまな機関が大麻の医療使用の可能性を研究し続けていく。１９７０年代に始まった医療目的での大麻研究ではあったが、陶酔作用を除去した上で大麻を薬事使用することを原則としていたために、なかなか実現には至らなかった。しかし、そんな状況の中でも、欧米の医学界や薬品会社は、大麻成分の分析や効能の研究・実験を行ってきた。

一方、日本では天然の大麻草の花穂や葉から抽出したカンナビノイドを使用した臨床試験は、国内では禁止されているため、大麻の研究には合成カンナビノイドを使用している。

薬理学の急速な変化に、大麻に関する法律が追いついていないというのが、今の日本の現状なのである。

アメリカから始まった現代医療大麻の歴史

1970年代のアメリカ政府は、大麻の医療利用に関する研究を支援し、研究目的で使用することができる大麻の規格品を生産していた。しかし医療大麻研究に対しては、相変わらず大きな問題が横たわっていた。

１９７０年に制定された「規制物質法」という連邦法がそれである。この法律は、大麻を始め、ヘロインやコカイン、アルコールなどの危険度を５段階で示した、アメリカにおける規制物質についての根本的な定義である。規制物質法の中で大麻は、ヘロインなどと同等の最も危険な物質である「スケジュールⅠ」にランクされており、この法律は現在も存在している。

規制物質法・スケジュールⅠの定義とは、次の通りである。

（Ａ）薬物ないしその他の物質には濫用の危険性がある。

（Ｂ）薬物ないしその他の物質には、現在のところ合衆国において一般に認められた治療のための医学的用途がない。

（Ｃ）医療管理下における薬物ないしその他の物質の使用に対して、一般に認められた安全性が不足している。

大麻はこれによって厳しく管理されているため、いかなる研究目的で大麻を使用する場合であっても、ＤＥＡ（麻薬取締局）の許可を取らなければならないのである。

１９８０年代のレーガンおよびパパ・ブッシュ政権になると、大麻対策は再び厳しくなり、70年代までの動きに終止符が打たれてしまう。この頃のアメリカ政府の大麻対策は、政権が変わるたびに、根なし草のように右へ左へと変化していった。

エイズの発生と医療大麻

１９８０年代初頭、アメリカ各地で確認されたエイズは、全世界に大きな衝撃を与えた。

ＨＩＶ感染によって免疫不全を起こすエイズの症状は、激しい痛みや食欲不振などを引き起こし、発症患者の生命力を急速に弱めていく。エイズには化学薬品による治療も行われるが、副作用はさらに患者を苦しめる。そんな中、大麻がそれらの副作用を弱めてくれることがわかってきた。大麻成分には痛みを和らげ、嘔吐感を軽くし、食欲を増進させ、そしてリラックスさせる作用がある。

エイズ患者たちは、大麻を吸引することで痛みから解放されることを知り、違法であることを承知で大麻を使用し始めた。そして、担当医者たちは非合法な大麻利用が増えるにつれ、患者の行為を黙認するケースが増えていった。

アメリカ市民たちは、大麻は連邦政府が唱えるような恐ろしい麻薬ではないことを、すでに知っていた。それどころか、彼らはエイズや末期がんの治療過程で、大麻が自分たちの命を救ってくれることを確信していたのである。ラガーディア報告をはじめ、アメリカの大学や医療機関、政府機関による研究結果が、正確に伝えられていたことも大きな要因だった。

例えば、アメリカ国立薬物乱用問題研究所（ＮＩＤＡ）の臨床薬学部長であるヘニングフィールド博士らは、「大麻の中毒性はカフェインとほぼ同等であり、アルコール、タバコよりも害が少ない」と報告している。そして、欧米や日本の医師が診断の指針としている『メルクマニュアル』では、「大麻（マリファナ）類への依存について」の項で以下のように解説している。

「大麻の慢性ないしは定期的使用は精神依存を引き起こすが、身体依存は引き起こさない。多幸感を惹起して不安を低下させるあらゆる薬物は依存を惹起することがあり、大麻もその例外ではない。しかし、大量使用されたり、やめられないという訴えが起きることはまれである。大麻は社会的、精神的な機能不全の形跡なしで、ときに使用できることがある。多くの使用者に依存という言葉はおそらく当てはまらないであろう。この薬をやめても離脱症候群はまったく発生しないが、多量使用者は薬をやめたときに睡眠が中断されたり神経質になると報告されている（以下略）」（『メルクマニュアル』第17版・日本語版より）

つまり大麻は、タバコやアルコールよりも精神的な依存度が低く、ましてやヘロインとはまったく違う性質の物質なのである。

アメリカ市民たちは、連邦政府の情報だけではなく、さまざまな機関が発している大麻の検査報告の中から、より正確な情報を選りすぐってきたのである。そして、市民が正確な情報を入手できた陰には、公正な報道を努力してきたアメリカのジャーナリズムの存在も大きかった。

原因不明で一時はパニックを引き起こしたエイズの問題も、病気発症のメカニズムが解明されるにつれ、アメリカ市民の間に、病気に立ち向かう連帯意識が芽生えてきた。そして、非合法ではあるが、医療用の大麻を供給する私営のクラブが、サンフランシスコに出現し始めたのである。

その中心人物の1人に、「マリファナの導師《グル》」と呼ばれたデニス・ペロン氏がいた。彼は、70年代から大麻合法運動や彼の経営するクラブを通じて、愛好者に大麻を供給していた。しかし、武装した麻薬取締官に逮捕された後は、エイズ患者などへの医療大麻の販売に活動をシフトしていった。そして1991年の夏、市内の同性愛者密集地域として有名なカストロ通りに、医療大麻供給の拠点となるクラブをオープンさせた。このペロン氏の行動は重いリスクをともなうものであったが、エイズに苦しめられていた人々にとっては、命にかかわる画期的な出来事だったのである。

そして、その年の11月、サンフランシスコ市議会で、さらに画期的な出来事が起こる。医療目的で大麻を使用する患者たちを、逮捕しないことを規定した「医療マリファナ特別条例」が、圧倒的多数で可決したのである。これによって、ペロン氏のクラブは、当局の捜査が入ることなく、安心して医療大麻を供給することができるようになった。そして、医療大麻合法化の動きは、カリフォルニア州全体に広がっていったのである。

「サンフランシスコ・マリファナ・バイヤーズ・クラブ」と呼ばれるようになったペロン氏のクラブも、2年後には会員が5000人を超え、順調に活動を続けていた。そして、次にペロン氏が着手したのは、カリフォルニア州内の医療大麻合法化を目指した住民投票の準備であった。住民投票を実現するためには、60万人の署名を集めなければならなかった。その署名運動も、多くのボランティアの助けを借りながら順調に進んでいた。しかし、ペロン氏の活動は、準備が進むにつれて州政府から敵視され始めていったのである。

ところでアメリカでは、連邦政府と州政府が別々の法律を持っており、この2つの法律の兼ね合いについて、日本人には少々わかりにくい部分がある。アメリカには、連邦政府による「連邦法」と、州政府が定める「州法」、そして市や郡などの地方自治体が定める「条例」がある。地方自治が発達しているアメリカでは、市民や地方自治体による独自の運営が尊重される。しかし、市条例に対して州憲法や州法は原則的に優先されるため、ペロン氏が進めていた住民投票のように州の法律に深くかかわる問題は、州政府に敵視される可能性が高かったのである。

連邦法と州法の関係性も、日本人にはわかりにくい。連邦議会の立法権は、合衆国憲法に列挙された範囲の事項に限定されており、それ以外の権限については、州または人民に留保されている。つまり、連邦法では主に「知的財産法」「破産法」「通商法」「麻薬犯罪法」などが規定されており、人民の基本法である「刑法」「民法」「会社法」等は、各州によって規定されるのが原則である。

これをアメリカの大麻問題に置き換えてみると、大麻を麻薬と規定している連邦法に対し、「医療目的等での大麻使用を認める」とする州法が、医療機関などにおける大麻の使用を認めている。そして、市や郡の条例では、先述の「医療マリファナ特別条例」のように、「医療大麻の使用者を逮捕しない」等の事務手続き的な部分について、強い権限を持っているのである。

さて、カリフォルニア州の住民投票を準備していたペロン氏であるが、医療大麻の強烈な反対論者であるカリフォルニア州司法長官のダン・グレン氏などによって、クラブの運営にも圧力がかけられていく。これに対抗して、クラブメンバーや地元市民らは抗議デモを繰り返す。しかし、1996年8月、ついにクラブは、一時閉鎖に追い込まれてしまう。

だが、その3カ月後、ペロン氏のそれまでの準備と熱意が実を結び、カリフォルニア州とアリゾナ州で、医療大麻の是非を問う住民投票が行われた。その結果、両州の有権者は、医療大麻を法的に認めることに賛成したのである。これを受けたアリゾナ州政府は、有権者の意向に添うつもりがないことを表明したが、カリフォルニア州政府は市民たちの声に従った。

これをきっかけに、ペロン氏はクラブを再開した。そして、ペロン氏のクラブ以外にも、州の各地に医療大麻を供給するクラブが続々と誕生していった。

しかし、連邦政府はその後もいかなる目的であっても大麻の使用を認めず、州政府と連邦政府との議論が続いた。それだけではなく、州法で定められた医療大麻供給施設に連邦麻薬取締局の捜査が入り、閉鎖される事件もたびたび発生していった。

２００6年、サンフランシスコにある医療用大麻を販売する調剤薬局に連邦麻薬取締局による捜査が入り、複数の薬局職員が検挙されるという事件が発生した。その翌月、カリフォルニア州議会は、「成人による大麻の栽培や販売については、取締りの優先順位を低く扱うこと」を採択し、この事態に素早く対応した。

２０１９年現在、アメリカ合衆国の中の33の州とワシントンＤＣが医療用大麻を合法としている。そして、10の州において、嗜好大麻を合法としている。また、産業用大麻から抽出したＣＢＤは、連邦法でも合法化されている。

20世紀後半から始まった、アメリカ州政府と市民の医療大麻容認の動きは、ＥＵやカナダをはじめ世界中に影響を与え、２０１９年現在、ＷＨＯもその有効性を認めている。

第3章

カウンター・カルチャーとしての嗜好大麻と禁止の歴史

嗜好大麻と医療大麻

嗜好用として使ういわゆるマリファナと医療大麻は、同じものと考えてよい。ただし、医療用の大麻は、カンナビノイドの成分や分量が正確にわかるものでなくてはならず、品質と衛生管理をしっかりと行っているものでなければならない。

世界では大麻の医療利用については合法化が進んでいるが、嗜好については禁止されている地域がほとんどである。しかし、近年の研究の結果、大麻には強い依存性もなく、重篤な副作用もないということがわかってきている。

一方で、「ゲートウェイ理論」というものがある。大麻を吸った者は、ヘロインや覚せい剤などのより強いドラッグへと移行していく恐れがあるという考え方である。しかしそれは、科学的には解明されていない。むしろアンダーグラウンドの密売者から購入する際に、覚せい剤などの他の薬物を進められる危険性が指摘されている。

現在、日本では大麻は厳しく規制されており、法は順守しなければならない。

しかしその一方で、大麻取締法のあり方自体も、もう一度考える時期にきているのではないだろうか。大麻を科学的に調べ、大麻が社会的にどのような害を与えるのかについてもしっかりと検証する必要がある。

大麻を摂取するとどうなるのか？

大麻による効果は、個人によっても、その品質や状況、そして経験や体調によっても左右される。煙やベポライザーなどで気化したものを肺から摂取する場合は、即効性があり摂取量を調整しやすい。しかし、喫煙による方法を好まない場合は食べることによって胃から吸収することもできる。その場合、食べてから変化が現れるまでに少し時間がかかるため、効いていないと勘違いして多く摂取してしまう場合があるので注意が必要だ。とはいえ、大麻には致死量がないので、しばらく寝ていれば時間とともに体調も回復してくる。

大麻を摂取すると、心身ともにリラックスする。楽しい気分になり、音楽や絵画などを観る感性も豊かになる。これは、大麻によって精神的な抑圧が弱まり、本来自分が持っている感性を素直に感じることができるからだろう。また、自分自身を客観的に見ることができるようになるという人も多い。それは、瞑想状態に近いと言ってもいいだろう。ヒンドゥ教などの宗教で使用されてきた理由もここにある。

「大麻を吸うと幻覚が見える」という意見もあるが、大麻で幻覚を見ることはない。幻覚とは、ないものが見える状態であり、幻覚剤であるＬＳＤやマジック・マッシュルームなどとは作用が異なる。また、食べ物、特に甘いものが美味しく感じて、食べ過ぎてしまうこともある。この状態は「マンチー」と呼ばれている。

大麻を摂取した際の精神をコントロールするためには、多少の経験が必要である。特に初体験の場合は、できる限り安心してリラックスできる環境を整え、経験者と一緒に摂取したほうがいいだろう。要因はさまざまではあるが、逮捕される危険のあるところや、精神的に大きな悩みを抱えていたり、身体的なストレスを感じるような状況の中で摂取した場合、大きな不安を感じるいわゆる「バッドトリップ」に陥ることもあるので注意が必要である。

また、摂取中は細かい作業に支障が出るため、機械作業や自動車運転は控えたほうがいいだろう。

嗜好大麻が日本で嫌われる理由

大麻にはさまざまな用途がある。この章でも述べている嗜好品としての大麻、がんやてんかんなどの多くの疾病に効果がある医療用の大麻、繊維や食品やエネルギーにも使える産業用の大麻、そして、神道の注連縄や世界の宗教でも使用される、伝統的な大麻。

日本の大麻取締法は、陶酔成分であるTHCを取り締まっているわけではなく、大麻草そのものの所持と栽培を規制している。国内で産業用として栽培されている大麻草に「トチギシロ」という品種がある。栃木県で品種改良されたこの大麻草には、THCが0・2%しか含まれておらず、摂取しても陶酔作用が起こらない。産業大麻の国際基準であるTHC 0・3%よりも低い含有量の品種である。

産業や伝統用の大麻草を推進している人たちの多くにとって、陶酔作用は必要ない。地域活性や伝統の復活の活動をしている人たちの中には、嗜好大麻問題について、厳しい目を向けている人もいる。嗜好用に所持、栽培して逮捕される人の違法行為よって誤解を受け、大麻免許の取得が難しくなる場合があるからだ。

２０１６年、鳥取県で地域おこしのために大麻免許を取得した男性が、嗜好および医療用に大麻を所持し逮捕された事件があった。これにより、鳥取県では大麻草栽培を禁止する条例をつくった。厚労省も大麻監視強化を全国の自治体に通知し、各地の栽培計画にも逆風が吹いた。大変残念な事件だった。

法律は守らなければいけない。しかし、あえて言いたい。県や国は、「ダメ。ゼッタイ」と言うだけで、この問題を封印してはいけない。大麻は、大きな可能性を秘めた農作物なのである。

アーティストと大麻

大麻を摂取すると、精神変容作用を引き起こす。これは、大麻の薬効成分によるものである。この効果は大麻特有のものであり、そこから得られるインスピレーションは、音楽や絵画や文学を生んできた。また、この精神的効果とともに行う瞑想や内観などを通して、自己の解放へと繋がっていく。この意識の変革が、自由や平等という思想にも強く作用し、やがてそれは体制に対抗する社会運動やカウンター・カルチャーをつくり上げていった。

ビートルズは、これらのメッセージを音楽にのせて、世界中に届けた。彼らは、大麻やLSDによって受け取ったイメージを、サイケデリックな極彩色の音楽の世界に表現していく。アルバム『サージェント・ペパーズ・ロンリー・ハーツ・クラブ・バンド』（1967年）や映画『イエロー・サブマリン』（1968年）などがそれにあたる。また、彼ら自身、インド文化に傾倒していく中で、大麻文化を吸収していった。

ジャマイカのレゲエ・ミュージシャンであるボブ・マーリーも、大麻を神の草としていた。レゲエの根底には、ジャマイカで生まれた宗教思想「ラスタファリズム」がある。古代キリスト教をベースにしたアフリカ回帰思想であるラスタファリズムでは、ジャーと呼ばれる救世主の肌は黒く、大麻は神聖な神の草である。

ボブ・マーリーをはじめとしたレゲエ・アーティストたちは、ラスタのメッセージを曲にのせて歌い伝える。

アメリカのヒップホップ・アーティストであるスヌープ・ドッグも大麻を支持しているアーティストだ。現在、アメリカでは嗜好も合法な州もあり、事実上マリファナ文化は受け入れられている。その中で、スヌープ・ドッグは、自らの大麻ブランドを立ち上げると、次に大麻関連ビジネスに的を絞ったベンチャーキャピタルをつくり、48億円の初期資金を調達したという。

元プロボクサーのマイク・タイソンも大麻関連の会社を設立し、すでにカリフォルニア州で40エーカーの大麻栽培施設を建設している。現役時代に痛めた怪我によって、オピオイド系の痛み止めによる中毒で心身ともに荒れた状況の時に大麻に出会ったことから、CBDにフォーカスしたヘンプ畑をつくり、痛みやストレス障害に悩む人たちに向けて、THCが低く、合法的なカンナビノイド製品を提供している。

オバマ元米大統領は現役時代に、「私も昔は大麻を吸っていたし、人にすすめはしないが個人への害は酒ほどではない。愛好家を刑務所に入れるべきようなものではない」と述べている。大統領選の彼の公約の1つが、大麻の合法化でもあった。

このように見ると、世界の大麻文化は、カウンター・カルチャーからメイン・カルチャーへと移行し始めていると言えるだろう。

国際社会における大麻禁止の歴史

今、世界を見渡すと、大きな波が急激に押し寄せているように見えるが、ここまでの間には長い歴史があった。カウンター・カルチャーと近代アメリカにおける大麻の歴史をつぶさに見ると、これからの世界の動きが見えてくる。

少し長くなるが、時代を大きく遡って禁止の歴史を見てみよう。

国際的に麻薬を規制した初めての国際法は、1912年に調印された万国アヘン条約だった。

この条約が誕生した背景には、英国と清（中国）の間で起きたアヘン戦争が大きくかかわっている。植民地政策の問題点や新たな資本主義政策のあり方について、欧米各国が深く考察することとなったこの出来事は、アメリカが提唱した麻薬規制や日本の大麻取締法制定に強い影響を与えた。

アヘン条約が締結された2年後の1914年、第一次世界大戦が勃発した。そして1917年には、禁酒法がアメリカ連邦議会を通過している。

第一次大戦でドイツと戦っていたアメリカは、酒場や酒造関連業をドイツ系移民が牛耳っていたことや、以前から根強かったアイルランド移民の飲酒習慣への差別的な反発もあり、この大戦をきっかけに急速に禁酒法時代へと傾いていく。そして、結果的に1920年に施行された禁酒法によって、大麻や大麻から抽出されるハシシュと呼ばれる大麻樹脂の吸引習慣が増加していくのである。

1918年、第一次世界大戦の終戦にともない、国際連盟に基づくパリ講和会議が開かれた。この会議においてアメリカは、先に締結された万国アヘン条約の批准についての議題を提案した。その結果、パリ講和条約締結後にアメリカとイギリスは、万国アヘン条約を法制化することになったのである。

しかし、この法律は、アヘンやコカインを貿易の手段として使用することを規制するものであり、国内における麻薬の使用を抑制するには不十分なものであった。そこでアメリカは、国際連盟の諮問委員会で、麻薬の生産量の制限を提案し、1924年から1925年にかけて会議が持たれた。会議はアヘンなどの生産の制限について話し合う第一会議と、麻薬の製造や使用を制限する第二会議に分けられた。

第一会議では、アヘン貿易にかかわっているイギリス、インド、オランダ、シャム、日本、フランス、ポルトガルが参加。アメリカと中国による、アヘンの生産制限要求でイギリスと激しく対立する。

そして1926年、「第二アヘン会議条約」において、ヘロイン、コカインに加えて、大麻の取引が初めて統制対象となった。

アメリカにおける大麻の歴史

突然、大麻を統制対象に提案したのはアメリカである。この提案に対して、各国は拒否の姿勢を示した。では、なぜこの時期にアメリカは突然、大麻を規制対象として条約に追加したのだろうか。

建国当初のアメリカでは、大麻栽培を国家が奨励していた。初代大統領ジョージ・ワシントンも3代大統領トマス・ジェファーソンも大麻農場を経営しており、商業大麻のほかにも、医療や嗜好品としても大統領自身が大麻を使用していた。有名なアメリカ独立宣言の草案も大麻紙に書かれている。

アメリカにおける大麻産業は、イギリスの植民地時代に遡る。大麻繊維は、土地と人手さえあれば生産することができ、それによって国力を蓄えることができる。イギリスの植民地であったアメリカにとって、大麻栽培は義務の1つでもあった。

17世紀初頭、アメリカに入植したヨーロッパ人たちは、良質な野生大麻が生息していたバージニアやケンタッキーを中心に大麻栽培を始める。バージニア州政府は、欧州や国内の入植者たちに対して安定供給が補償されていたタバコの栽培と並行して、1619年には法律によって農家の大麻栽培が義務付けられ、バージニア州では、大麻が法定通貨としても使用されていたのである。

一方で連邦政府は、大麻繊維の仕上げをするスウェーデンやポーランドの熟練工のアメリカへの移住を推奨していった。

18世紀に入ると、アメリカの大麻産業は、かなり安定し始める。1730年代当時、羊毛の販売権はイギリスが、リネン（亜麻）販売権はアイルランドが所有していたため、アメリカの入植者たちは、大麻繊維の販売権を所有し、大麻をアメリカの特産品とすることを希望していた。しかし、紡績と織物の独占は植民地政策の根本であるため、イギリスはこれを認めなかった。アメリカは大麻を育て、繊維をイギリスへ輸出し、織物として完成した商品を付加価値をつけた値段で買い戻すことが義務付けられた。これはインドが木綿繊維をイギリスへ送り、綿織物を買い戻すシステムと同じ構造である。

さらに、アイルランドからプロの紡績工と職工がマサチューセッツへ次々に到着し、新しい技術で大量の大麻と亜麻の布地を生産し始める。製紙工場でも、紙の原料となる大麻や亜麻やリサイクルした綿を使用することで、膨大な収入を得ていった。

このようにアメリカは、イギリスから独立し国力を高めるために、大麻産業を国の根幹に置いていたのである。

一方、18世紀後半から始まったアメリカの木綿産業は、奴隷制度を取り入れたプランテーションにより大麻繊維産業を凌駕していく。

1770年頃、独立戦争前後のアメリカはイギリスとの緊張状態にあったため、バージニア州ではタバコと大麻を輸出した決済代金を、イギリスから思うように回収できない大農場経営者が続出した。そこで、その中の1人、ロバート・カーターという経営者がタバコと大麻に代わる換金作物として、木綿と小麦の作付けを始めた。カーターは、製粉工場やパン工場、そして、木綿の製糸工場もつくり大成功を収める。他の農場も次々と木綿へと転作を行い、独立戦争終結の1780年頃には、木綿はアメリカの特産品となっていた。その後、綿から種を取り除く画期的な機械が誕生すると、処理速度が人力の50倍になり、飛躍的に発展していく。

19世紀半ばには多くの木綿繊維工場が誕生し、木綿産業はアメリカ経済を支えるまで成長していた。広い大地と豊富な労働力と技術力により、アメリカはすでに近代的な木綿繊維産業の基盤を十分に築いていたのである。

一方の大麻産業は、南北戦争中に、綿の代用品として生産を奨励され、1870年から80年代に再び需要が伸びたが、南北戦争直後には強制労働力がなくなり、紙の原料としても木材パルプが登場したことなどから、大規模農場での大麻の生産は崩壊していった。

19世紀末から20世紀初頭のアメリカの大麻農業は、汚くてきつい労働として嫌われ、主にアフリカ系アメリカ人や1910年のメキシコ革命以降にやってきた、大量のメキシコ系移民たちが携わっていた。

アメリカの大麻規制の歴史

嗜好品としての大麻吸引が一般的にアメリカ社会に認知されたのは、19世紀末である。

もともと、嗜好品としてのハシシュの吸引や医療への大麻の使用を始めたのはイギリスだった。インドから伝わったその習慣はヨーロッパに広まり、ボードレールやゴーティエなどの19世紀のボヘミアンたちに受け入れられていく。アメリカの大都市でも大麻の使用はひそかなブームとなり、1880年代には、ニューヨークに「ハシシュ・ハウス」という名の喫煙所も登場する。そして、20世紀初頭の禁酒法時代に向かって、嗜好品としての大麻の利用は急激に増加していくのである。

この時点で、アメリカ都市部における大麻の心象は、それまでの産業作物としてではなく、すでに医薬品、麻薬、嗜好品に変わっていた。

そんな時に大麻に1つの転機が訪れる。1906年に制定された「ピュアフード&ドラッグアクト（食品医薬品安全法）」という名の法律がそのきっかけとなった。ちなみのこの法律が、現在のＦＤＡ（アメリカ食品医薬品局）になっていく。

ピュアフード&ドラッグアクトには、薬局で販売している薬品に含まれる麻薬の表示を義務付けることで、医薬品の安全性を高めるという狙いがあった。そして、表示指定をされた10種類の薬品には、アヘンやコカインなどとともに、大麻も入っていた。恐らく、大麻に酩酊作用があることから、表示が必要とされたのであろう。特に、前述のハリソン麻薬法の制定に尽力したプロテスタント系社会改革論者たちは大麻の危険性を主張し、その精神変容作用による社会の乱れについて強く警告を発していた。

麻薬統制の大きな転機は第一次大戦であり、その間にアメリカの倫理を求める人々はアルコール、アヘン、コカインを法的に規制する手段を整えたのである。大麻については、各地の州法で大麻の売買と所持が規制されていった。

そして、1920年に禁酒法が施行される。

1920年代、国際金融がロンドンからニューヨークへと移り、アメリカは世界の表舞台に立つこととなった。第一次大戦への軍需輸出によって発展した重工業への投資や、帰還兵による消費の拡大により景気は最高潮となり、活動写真や自動車社会もスタートしていた。

そんな時代の中で禁酒法は、経済的栄光の裏にギャング社会もつくり上げていった。

ニューヨークやシカゴにはヤミ酒を提供するクラブが生まれ、毎夜ジャズが演奏されチャールストンに熱狂し、派手な化粧とファッションの「フラッパー」と呼ばれる女性たちが脚光を浴びていた。アヘン窟やナイトクラブをまねた「ハシシュ窟」が至るところに出現し、酒よりも安価に大麻樹脂が供給されていった。南部では、ニューオリンズの港へキューバやメキシコから続々と大麻が持ち込まれ、大麻のマーケットは全国へと拡大していった。それらの大麻は、ニューオリンズのジャズマンとともに、北部の都市部へと運ばれていった。

そんな状況に危機感をもった南部の人々は、大麻を「キラー・ウィード（毒草）」と呼び、その呼び名は新聞を通じて全米に伝えられていく。有益な農作物のはずだった大麻は、この時点から「マリファナ」という名の麻薬としてのイメージが定着していく。「マリファナはメキシコ人のアヘンである」とか、「大麻中毒のメキシコ人がアメリカ人の赤ん坊を殺した」といった新聞記事も掲載された。あるいは、「黒人やメキシコ人が白人女性にマリファナを吸わせて性奴隷にしている」という噂まで巷に流れた。このような暴力的で猥雑な大麻のイメージに、アメリカの白人社会は震撼していく。

この時代には、大麻の中に含まれている「THC」と呼ばれる精神変容成分も発見されておらず、その効能や毒性についてもアメリカ政府は提示していなかった。しかし、国内におけるアヘンやコカインと並ぶ大麻吸引の習慣は、科学的な検証などなくとも規制対象にするのに十分な社会的な確証があった。

こうした背景の中、前述の通り、アメリカは万国アヘン会議の開催を呼びかけ、1925年には大麻を規制する万国アヘン第2条約を締結している。国内では、1929年に16の州で大麻の売買と所持が禁止され、1930年、アメリカ全土をカバーする連邦麻薬取締局（FBN）と連邦捜査局（FBI）が設立する。

華やかだったアメリカ社会も、1929年に起きた世界大恐慌によって再び保守的で勤勉な倫理観を求める空気に満ちていた。

そしてついに、連邦麻薬取締局のアンスリンガー長官が、大麻を規制していくように連邦政府に働きかける。それ以前にも、多くの上院議員は禁酒局に対して大麻を規制対象とするような働きかけは度々あったが、連邦政府の権限だけでは取り締まることができずに却下されてきた。しかしアンスリンガーは、その後も執拗に大麻規制を訴え続けた。そして1932年、連邦麻薬取締局が提案した「統一麻薬法案」が全国州行政官協議会で採択された。

その翌年の1933年、統一麻薬法と入れ替わるように、有名無実となった禁酒法は廃案となる。一説によると、アンスリンガーたちの強硬な大麻規制の動きには、禁酒法の廃案にともない禁酒局の役人たちが解雇されるのを未然に防ぐ狙いもあったという。

統一麻薬法は大麻をアヘンと同様の麻薬と定義したが、大麻取締りについては各州の判断に委ねられた。アンスリンガーは連邦麻薬局員を総動員し州議会に働きかけるとともに、「大麻・マリファナ」の危険性について全米にキャンペーンを行っていく。そして、さまざまな修正を加えられながら、大麻を規制する法案は、「マリファナ課税法」として議会に提出される。

この法案は、課税と使用時の手続きを煩雑にすることで、実質的に大麻の使用を抑制しようとするものであった。当然のことながらこれに対して、全米医師会や大麻繊維業界、大麻生産者などから反対意見があった。しかし1937年8月、マリファナ課税法は連邦法として制定された。

大麻を特定の工業、医薬目的とする場合には登録を義務付け、1オンスにつき1ドルの課税を徴収することとなった。そして、非登録の場合は100ドルの課税とし、従わないものは高額の罰金か禁固刑とした。医療目的のための膨大な数の提出書類は現実性を欠き、これによって医療大麻の使用は激減した。

そして、1941年アメリカ薬局方と連邦処方類から大麻は姿を消し、アメリカには医療用大麻は存在しなくなる。

第二次世界大戦と大麻

1941年、アメリカと日本は激突した。中国本土に侵攻する日本軍に対して、連合国の若きリーダーであるアメリカは日本に占領されたアジア諸国を次々と奪還していく。

旧植民地主義経済に変わる新たな経済活動を行おうとした矢先の日本の侵攻だった。

アメリカとしては、中国をアヘンから解放し自国の市場とするための計画が台無しになってしまったというわけである。しかも日本の関東軍は中国国内でアヘンを製造し、中国や周辺国へ流出させて工作資金を調達していたのである。

アメリカ政府は、アジア市場の奪還と安定のために膨大な軍事力で日本軍を撃破し、1945年、終戦を迎えた。

第二次大戦では、第一次大戦を上回る量の薬物が使用された。コカインやヘロイン、経口アンフェタミンはもちろん、日本ではメタンフェタミンによる覚せい剤が兵士だけではなく国内の軍需工場で働く婦女子にまでも使用された。アメリカ兵も、コカインやモルヒネ以外に、アジアの中で大麻と出会い吸引習慣を身につけた者がたくさんいた。それとともに、アメリカが警戒したのが、旧日本軍が製造した大量のアヘンの闇市場への流出であった。

GHQ（連合国軍最高司令官総司令部）が占領統治する過程の中で、いかにしてその情報をつかみアヘンを一掃するかが、日本を新たなアメリカの市場として再生していく鍵であった。

アメリカは、日本国内の麻薬を日本政府が徹底的に管理するように命令を出していく。その中で、日本国内の大麻も戦後の日本政府の手で、精神変容物質と産業作物という両面において、徹底的に統制させていったのである。

終戦後の日本では、ヒロポンと呼ばれた覚せい剤による中毒とモルヒネやヘロインなどのアヘン系の麻薬の乱用ブームが何度となく繰り返される。その一方で大麻の乱用事件はまったく発生しない時代が続いていく。

アメリカ市民と大麻問題

マリファナ課税法が施行された直後の１９３８年。ニューヨーク市長フランクリン・H・ラガーディアは、ニューヨーク医学アカデミーに対し、大麻研究のための分科委員会を設置することを要請した。内科医、精神科医、薬理学者、公衆衛生専門家、矯正局、衛生局、病院局の各長官、病院局精神医学部長、警察官などで構成された「ラガーディア委員会」と呼ばれる調査委員会では、１９４０年から４年間をかけて、大麻についての徹底検証を行った。その内容は、医学的、薬学的見地のみならず、大麻服用の影響下における家族に対する価値観やイデオロギーの変化に関する調査までもが行われた。

アンスリンガー長官率いる連邦麻薬取締局らが訴える大麻の危険性とは、どれほどのものなのか。そして、大麻による精神変容作用が社会に及ぼす影響とはどのようなものなのか。ニューヨーク市民たちは、禁酒法時代の過ちを繰り返さないためにも、アルコールと入れ替わりに連邦政府から規制を求められているこの物質について、自らの手で検証したのである。

1944年、『ニューヨーク市におけるマリファナ問題』という表題の詳細な調査結果が発表された。

「ラガーディア報告」と呼ばれるその内容は、「大麻を使用することで他の麻薬による満足感と同様な感覚が生じるが、大麻は凶悪犯罪の原因にはならない」というものだった。また、「連続使用による耐性も認められず、ヘロインやコカインなどへの嗜癖に進むことも、人格を変えることもない」と結論づけた。マスコミ報道に見られるような大麻吸引による破局的影響は確認されないというニューヨーク市の検査結果に、大都市を抱える全米の州政府は大いに考えさせられたに違いない。しかし、この時期は第二次大戦の真っ只中である。大麻に精神変容作用がある以上は、そして、それが享楽の道具となる以上は取り締まる必要がある。アンスリンガー長官を含めたアメリカ連邦政府関係者は、そう考えたのである。

大量の麻薬を使用した第二次世界大戦。その影響下にあった1940年代後半から50年代のアメリカは、薬物管理政策において厳罰政策を取っていく。そして、最も厳しいと言われた「ボッグス法」が1951年に連邦議会で成立する。これは、「必要的最低量刑」を定めたものである。必要的最低量刑とは執行猶予や仮釈放を一切認めない刑罰であり、大麻を含めたすべての麻薬事犯において、初犯者に対しても2年の拘禁刑が定められた。これにより、大麻を使用して逮捕された多くの未成年者たちも実刑に服すことになる。

しかし、この法律の内容は裁判による審議を無視し、三権分立を侵していると して、1954年に修正される。そして1956年には、この修正案に対応するように、未成年者へ薬物を販売した者に対しては、陪審員が死刑判決も選択することを可能にする麻薬取締法が成立した。

アメリカが薬事規制に対して最も厳しく望んでいた、終戦直後のこのような状況を見てみると、占領下における日本でも同様に厳しく取り締まられたであろうことが見えてくる。

第二次大戦によって勝利を手にしたアメリカは、名実ともに世界のリーダーとなった。だからこそアメリカは、アヘン戦争時代から夢見ていた、自らが掲げる理想的な世界を実現すべく、麻薬・石油・軍事を統制しながら、世界市場経済を動かしていったのである。

ビートニクから生まれたカウンター・カルチャー

1950年代に入ると、ビートニクと呼ばれる新しい文化が生まれる。第二次大戦以前の古い文化や風習を嫌い、ヘミングウェイに代表されるロスト・ジェネレーションと呼ばれていた大人たちの文化と対抗するように生まれてきたビート・ジェネレーションによって生まれた文化である。

作家のウィリアム・バロウズ、ジャック・ケルアック、詩人のアレン・ギンズバーグが中心となって始まったこのカルチャーは、差別や戦争を反対するポエトリー・リーディングという詩の朗読会や、退屈なスウィングジャズから抜け出した即興性の強いモダンジャズなどとともに、大麻が重要なアイテムとなっていった。政治的で道徳的な側面から規制されていた大麻は、彼らにとって象徴的な存在になっていったのである。

決められたルールの中で生きるのではなく、自分の道を新たに開いていくことを信条としていたビート・ジェネレーションの若者たちにとって、大麻によるトリップは、まさに旅そのものだったのだろう。

このカルチャーはボブ・ディランなどのアーティストたちにも強い影響を与え、次世代であるヒッピー・カルチャーへと続いていく。

「ヒッピー」という名は、ギンズバーグの代表作「吠える」の冒頭の一説「天使の顔をしたヒップスターたち」が由来だと言われている。

ビートニクが、カウンター・カルチャーの中で、ジャズマンたちから受け取ったマリファナは、次の世代へとバトンタッチされていく。

「1961年の麻薬単一条約」と「ヒッピー・ムーブメント」

1961年、国際連合は万国アヘン条約をはじめとした複数の麻薬統制ルールを簡素化するために、「1961年の麻薬単一条約」を採択した。この条約でも、万国アヘン条約同様に、大麻および大麻樹脂を規制した。そして新たに、大麻の栽培を許可する場合は、大麻を、アヘンの原料となるケシと同様に統制するよう規定したのである。さらに、医学と科学目的以外の大麻の使用を25年以内に止めなければならないという指針を打ち出したのである。

一方、ケネディ政権下のアメリカでは、大麻の危険性についての見直しが行われていた。

麻薬と薬物中毒を研究するケネディ大統領の特別研究グループは、「大麻が、性犯罪などの反社会的な行動を引き起こすという評価を実証するには、証拠が不十分である」と1962年に発表している。また、ジョンソン政権下でも大麻には寛容な見解を示していた。しかし、連邦議会は一貫して、大麻は危険な麻薬であるとの見解を固持していた。

ここまでの経緯を見てもわかるように、麻薬としての大麻の評価は、時代の流れとともに微妙に変化していった。そのため、アメリカは1961年の麻薬単一条約を1967年まで批准しなかったのである。万国アヘン会議以来、麻薬問題の対応策を世界に向かって強く提案してきたアメリカだったが、大麻をヘロイン並みに規制することについては、一部の市民やリベラルな政治家の間から疑問視する意見も生まれてきた。

そして、1960年代後半、サンフランシスコを発信源としたフラワー・ムーヴメントとともにヒッピー・カルチャーが発生する。ロックミュージックとサイケデリック・カルチャーは大麻とLSDとともにアメリカやイギリスから世界へ広まっていく。当時の若者たちは、新たな価値観を探していたのである。そして、70年代前半のベトナム戦争では、反戦と平和の象徴として大麻がクローズアップされた。大麻のイメージは、「Love & Peace」の言葉とともに世界へと発信されていった。

1970年代のアメリカは、60年代から泥沼化していたベトナム戦争の影響で、新しい価値観と古い因習との間で常に揺れ動いていた。

ベトナム戦争当時、CIA（アメリカ中央情報局）は、タイ、ラオス、ミャンマーの国境付近の山岳地帯、「ゴールデン・トライアングル」で工作活動を展開していた。この地域には、19世紀からアヘン精製所が密集しており、そこを掌握している武装集団は、アメリカの軍事作戦に従事していた。アメリカ政府は、その見返りとして、武装集団にアヘン製造・販売の利権を保証し、ベトナム戦争を有利に展開させようとしたのである。

これらの動きは、アメリカのジャーナリズムによって白日の下に晒され、アメリカの抱える麻薬と戦争の闇の部分が浮き彫りにされたのであった。

今も続くカウンター・カルチャーとマリファナ・カルチャー

ヒッピー・カルチャーや、そこから生まれたサイケデリック・カルチャーは、その後の世界に大きな影響を与えていった。パーソナル・コンピュータやインターネットの概念などには、これらの文化が投影されている。アップルコンピュータの創業者であるスティーブ・ジョブスも、若い頃からマリファナ・カルチャーに影響されていたといわれている。最先端のデジタルの世界の奥には、禅や瞑想などの東洋文化が潜んでいる。それらを繋げているのが、サイケデリック・カルチャーであり、マリファナ文化でもあるといってもいいだろう。

大麻合法化運動は、カウンター・カルチャーを経験してきた運動家と、それを引き継いだ若者たちによって推し進められてきた。この傾向は、日本を含めた広い地域で見ることができる。

１９７９年京都、アンドリュー・ワイル博士の証言

厳しい取締りが行われていた１９７０年代の日本でも、マリファナの存在が認知されると同時に、大麻取締法による検挙者数は増加していった。

その数は、１９６６年には１７６人だったのに対し、70年には４８７人、75年

には733人、79年には1070人となっている。乾燥大麻や大麻樹脂の押収量も増加している。しかし、アヘンやヘロインなどの麻薬は減少に転じていった。ただし、ヘロインの使用者が減少していたとは言え、覚せい剤の検挙者は毎年5000人前後であり、年々増加傾向にあった。また、ヒッピー・ブームの影響により、幻覚剤であるLSDの使用も1972年、73年の2年間に爆発的に増加する。そんな中で、大麻についての情報はマスコミを通して知られていく。それと同時に、大麻の取締りに疑問を呈する人々も現れたのだった。

1977年、京都の芸術家の芥川耿氏が自宅で栽培した大麻を吸引し逮捕された。その裁判において芥川氏は「大麻取締法は憲法違反である」と訴え、法廷闘争へと発展した。毎日新聞などのマスコミや市民運動家など、さまざまな人々を巻き込んだこの裁判は、日本における大麻解禁運動の始まりと言ってもいいだろう。

一連の裁判の中で、「大麻とは何か」ということをさまざまな人物が証言している。『ナチュラル・マインド』などの多くの著作を持つ医学博士のアンドリュー・ワイル氏も来日し、日本の法廷で証言している。

ハーバード大学民族薬理学の研究員をしていたワイル博士は、1968年にボストン大学医学部で行った大麻吸引の臨床実験データをもとに、政府機関などに助言を行っていた。その当時に発表されたWHO（世界保健機関）のリポートの内容や、ニクソン大統領の諮問委員会、そして、カリフォルニア州やアイオワやマサチューセッツの州議会に招かれて大麻の医学的な効能についての証言を行っている。大麻に対しての博士の見解は中立であり、大麻問題を知る手がかりにもなる。少し抜粋してみよう。

〈証人尋問調書〉

昭和54年6月5日第9回公判速記録より、事件番号昭和52年（わ）第1003号

京都地方裁判所　大麻取締法違反事件

裁判長　川口公隆

弁護人　田村公一

弁護人　丸井英弘

証人　アンドリュー・ワイル
　通訳人　片桐　譲（中略）
弁護人（田村）　１９７２年にニクソンの諮問委員会である「マリワナ及び薬物の乱用に関する全国委員会」が研究報告をしておりますが、証人はこの全国委員会から何か意見を求められたことがありますか。
ワイル　発行されたのが１９７２年で１９７０年にその委員会から意見を求められております。
弁護人（田村）　場所はどこですか。
ワイル　首府のワシントンです。（中略）
弁護人（田村）　ＷＨＯ報告の問題になっている個所について、正しいかどうかをお聞きしますが、ＷＨＯの報告では「大麻を大量に摂取した場合、通例、急性中毒症状がみられる」と報告されているのですが、これは証人から見て、どうでしょうか。
ワイル　それは可能ではありますが、私自身はほとんどその例を見ておりません。

そしてほかの種類の薬物、例えばアルコールとかアスピリン等に比べて、はるかにそういうことは起こらないと思います。例えばアメリカ合衆国では、何百人という人が、毎年アスピリンの飲みすぎで死んでおりますが、マリワナの飲みすぎで死んだ人はいません。

弁護人（田村）　すると証人自身は、大麻を吸って急性中毒症状がみられたということを見たことはないわけですね。

ワイル　私自身が見たのは、ハシッシュを食べて、その結果として非常に眠くなって、長いこと寝続けたという人はおりました。これが私の見た最悪の例です。しかし、タバコの形で吸った場合には、中毒症状を見たことはありません。（中略）

弁護人（田村）　全国委員会の報告書では、マリワナを中程度吸うと「精神依存が立証される」というふうに報告しておりますが、これについてはどのように思われますか。

ワイル　「精神依存」と言う言葉がちょっと不明瞭であいまいだとおもいます。なぜならば、それは我々が気に入らないことを何回も繰り返してする行動に対して名付けるときに使う言葉だと思います。そしてその繰り返す行為が我々がいやだと思わないことだったら、我々はそれを、「精神依存」とは呼ばないのです。例えばアメリカや日本にはテレビを見ずには一日も過ごせない人々がたくさんいますが、普通これを「精神依存」と呼ばないのであります。しかし、ヘロインとかモルヒネのような薬物においては、身体的な依存性が見られます。アルコールでも身体的依存が見られます。しかし、マリワナの場合は、それを長年間常用しても身体的変化というのは見られません。ですから、これはテレビを見なければすごせない、という人とどこが違うのでしょう。（中略）

弁護人（丸井） 大麻が有害であるという説の中に「スッテッピング・ストーン理論（踏み石理論）」というものがありますが、これの内容と、これが正しいのかどうかということについて証言してください。

ワイル これはマリワナについての古い神話で、何回も繰り返されてきた説だと思います。

この説はマリワナを使っていると、それよりももっと危険な薬物へ行く踏み石になるのではないか、特にヘロインに行かせるのではないかという考えです。確かにアメリカ合衆国で、ヘロイン常用者に聞きますと、その前にはマリワナを吸っていたという人はいます。しかし、彼らはそれ以外にも若いときにいろいろなことをやっています。多くのヘロイン常用者達は、12歳になる前からタバコを吸っていたりします。そして、みんなヘロインを始める前に、アルコールを飲んでいます。それに反して、マリワナ常用者の大部分はヘロインに対して何の興味も示しません。ですから、私はこれは嘘の理論の例だと思います。

弁護人（丸井）　次に「催奇形性」があるというような意見もあるようですが、これについてはどうでしょうか。

ワイル　私はそれを証明する証拠はないと思います。しかし、それに反して、タバコを吸う女性の場合には、吸わない女性よりも、統計的に奇形児の発生が見られます。そして、今度、アルコールを飲む女性の場合もより多くの異常児が発生するということがわかってきました。

弁護人（丸井）　大麻を吸うと、人を攻撃的にさせ、暴力犯罪を引き起こすという意見もありますが、この点についてはどうでしょうか。

ワイル　そのことについて、確かにそう言えるというのはアルコールであります。それに反して、マリワナは人々を静かにし攻撃的でなくします。（中略）

ワイル　イギリスやアメリカでも、少し、マリワナ使用によってある種の脳の障害が起こったという報告はあります。しかし、これらの報告はマリワナ以外の要素がそこに入っていたんじゃないかという可能性を配慮する努力をしていません。例えば、過去に何か傷を受けたことがあるかというようなことに対して配慮していないのです。

そして、例えばジャマイカのように非常に多くの人がマリワナを吸っているというところでの統計として、脳障害が起こっているということをいっている者はありません。

弁護人（丸井）　大麻を日常的に使っている社会というかグループで、そういう脳障害が起こるとか暴力犯罪が起こるというようなことが見られますか。

ワイル　いいえ。

――ワイル博士は、医療大麻についても言及する。１９７０年代の発言であるにもかかわらず、この時点ですでに現在実際に行われている大麻医療の内容についても博士は明言している。

弁護人（丸井） 大麻を吸って、何か利益になる、いいことというのはあるのでしょうか。健康の面、精神的な面において……。

ワイル はい。まず健康についてですが、マリワナは医学のほうでは非常に長いこと使われてきました。しかし、今世紀になってから使われなくなったのです。しかし、今また新しくマリワナについての関心が医学会で高まっています。というのは、それが安全だからです。普通の医療品と比較して安全なのです。いくつかの点で、現在の医療をしているものを満たすからです。ですから、4つの州では、特定の医療のためには、マリワナを使うことを許しました。その1つは癌の患者が癌の薬で吐き気を催すのを治すために使うことです。

マリワナはこの目的で非常に効果を発揮します。しかも、それは毒性がありません。第二には目の病気の緑内障、あるいはそこに対してですが、この病気は目の中の眼圧が高まって、最後には視力を失うものですが、マリワナはその圧力を減らします。第三にマリワナは喘息の治療に使われます。第四に、脳性麻痺、特に筋肉の脳性麻痺に対して使われます。脊髄に対する障害、あるいは生まれつきの脳性麻痺に対して使われています。そして、ここ数年のうちに他の病気の症状に対しても、マリワナが治療に有効であるということが発見されるでしょう。

精神的なよい面について述べますと、それはずっとむずかしい問題です。それは一人一人によって非常に違うからむずかしいのです。マリワナは、ある宗教においては長いこと使われたという伝統があります。特にアジアでは使われてきました。そして多くの人々がマリワナは精神的によい影響を与えたという人がいます。私が会った多くの人々の中で、マリワナを使ったために瞑想するようになったという人がたくさんいます。しかし、マリワナが精神的なよいことをもたらすというのも間違いだと思います。それは、マリワナが脳障害を起こしたり、ヘロイン使用に走らせると言うのと同じく間違っています。マリワナは人々を精神的に助けるという可能性、潜在的力はあると思います。しかし、これはそれを使う人が適切に積極的に使うかどうか、ということにかかっています。確かに、マリワナをばかな目的で、しかも使い過ぎるということはありうることです。そしてそういうふうにするひとがたくさんいることも事実です。（中略）

大麻をヘロインなどと同様の危険な麻薬と誤解している人がこの証言を聞いたら、信じられないほど愚かな証言に感じるだろう。しかし、アメリカは60年代から現在まで、さまざまな機関が大麻について科学的な研究を行っている。その上で州議会や市民は自己判断を行っているのが現実の姿である。

1970年代のアンドリュー・ワイル博士の証言や芥川氏の大麻取締りに対するさまざまな疑問は、日本の大麻問題を考えるその後の人々に影響を与えていった。

1970年代後半からの日本の大麻取締法とその周辺

芥川裁判が行われた1979年には、有名ミュージシャンや芸能人などが多数逮捕され、日本でも「マリファナ」が一般に知られるようになる。また、海外旅行などで大麻の吸引を経験する若者も多く、当局の厳しい取締りの中でも大麻解放を唱える者が増えていった。

その理由の1つは、日本の大麻取締法の成立経緯が挙げられる。

占領下のGHQによる一方的な禁止は、医療としての使用も施術も、そして医療目的での研究さえも禁止している。海外ではヨーロッパや、そしてアメリカでさえも積極的に大麻を研究し、州法を修正するなど実生活に即した動きを見せている。しかし、日本は終戦時に、自国で研究することもなく一方的に大麻を禁止してしまった。海外から入ってくる大麻の毒性の有無についての情報や、オランダなど一部の国での大麻の非犯罪化の動きを知る一部の日本人たちは、日本国内で大麻の全面解禁や非犯罪化を求める運動を行っていた。

しかし、当時の日本ではこれらの動きは極めて少数であり、ほとんどの日本人は、次々と逮捕されていく芸能人の姿をテレビで眺めることで、マリファナという麻薬の恐ろしさを知るのである。

1970年代後半から80年代は大麻取締法による検挙者数は1500人前後と横這い傾向にある。しかし、日本国内でも大麻に関する書籍や情報が比較的広く伝わるようになっていった。

その一方で、覚せい剤事犯は相変わらず増加傾向にあり、同時にコロンビア経由ではコカインが、そして、タイ経由ではヘロインが再び国内での乱用を増加させていく。そんな中、横這い傾向にあった大麻であるが、どんなに身体への害が少ないとしても、コカインやヘロインなどを使用するきっかけになるので厳しく禁止しなければならないという、「踏み石論」または「ゲートウェイ論」と呼ばれる理論が大麻禁止の主流を占めていった。

「踏み石論」に対して解禁派は、「身体に害のない大麻を取り締まることで、その取引が、ヘロインやコカインなどと一緒に暴力団などの犯罪ルートに流れていることが問題であり、身体的には大麻を使用することでヘロインなどに嗜癖が移行しないことは証明されている」と主張していた。しかしこの時期は、戦後育ちの若者が多く、現在のように大麻についての情報も少なかったために、一般にはマリファナが大麻草であるということすら知らない世代も増えていた。その結果、大麻ではなく、覚せい剤などに手を出してしまうケースも多かった。

この頃の大麻検挙者の60％が25歳以下の若者であった。

ハードドラッグと大麻の増加傾向と年齢層については消費量では比較にならないが、アメリカやEUと同じような軌跡をたどっている。

1980年、コンサートのために来日したポール・マッカートニーが大麻所持のために逮捕されるという事件が起こった。ビートルズのメンバーであり、日本国民も皆が知っているこの国際スターが、大麻所持で日本の警察に逮捕され拘置所に勾留されたというニュースは、日本中の注目の的になり、マスコミも大麻問題について取り上げるようになっていった。それとともに、大麻解放運動を継続していた市民グループの活動も、活発化していった。

毎日新聞が、大麻を真っ向から擁護した!?

　1977年9月、毎日新聞が大麻問題に対して、真っ向から大麻擁護の記事を掲載し、大いに話題になった。大麻については各紙賛否両論ではあったが、現在では想像がつかないほどにオープンで忌憚のない議論が交わされていたのである。抜粋したものを掲載したい。

◆ポール・マッカートニー大麻で逮捕

来日のP・マッカートニー
マリファナ所持で逮捕
日本公演、中止に
成田で発覚 警視庁に留置
「もう日本はこりごり」
谷間に起きた事件

1980年、コンサートの為に来日した元ビートルズのポール・マッカートニーは、大麻所持のために成田空港で逮捕され、拘置所で9日間を過ごした。

毎日新聞

たかが大麻で目クジラ立てて…　重罪扱い　厳しい日本

全米委員会の報告（「マリファナ―誤解のしるし」）―習慣性・禁断症状なし、犯罪誘発の危険

少ない——大統領も刑罰緩和を呼掛け

マリファナ（大麻）で挙げられた井上陽水は警察にとって金星か、マスコミにとって堕ちた天使か、ファンにとって殉教者か。彼がそれらのいずれにもならぬことを願いたい。いまどき有名スターがマリファナで捕まって全国的なスキャンダルになるのは世界広しといえども日本ぐらいのものだ。たかがマリファナぐらいで目くじら立てて、その犯人を刑務所にやるような法律は早く改めたほうがいい。

陽水は「自分は酒が飲めないので、くつろぐためにマリファナを吸った」と自供したそうだ。それが、わが毎日新聞を含め日本のマスコミでは極悪犯人扱いである。マリファナはそんなに悪いものか。陶酔感を求めて酒の代わりにヘロインや覚せい剤を乱用すればたちまち身体的依存（習慣性）にとりつかれ、すさまじい禁断症状を呈し、犯罪を誘発し、やがては廃人になったり死んだりして本人にも社会にも不幸をもたらすから、乱用はいけませんというのは常識である。だがマリファナは身体的依存をともなわず、それがもたらす陶酔感も悪影響もともにマイルド（おだやか）だというのが世界的な常識になりつつある。全体主義国はいざ知らず、この常識が政府とマスコミによって真っ向から否定されているのが日本だ。（中略）

先入観に立脚　日本の取締り

これに対し、井上陽水を捕えた警視庁の河越保安二課長は「マリファナを常用すると慢性中毒になって早発性痴呆症になる」と信じている。また厚生省麻薬課が去年出したパンフレット『大麻』には「マリファナを吸えば狂乱し、挑発的、暴力的となる…急性中毒による死亡報告がある…慢性中毒の症状としては多彩なる精神異常発現作用、長期常用による人格水準の低下がある」と書いてある。このパンフレットは全米委員会の報告の趣旨はほとんど無視し、日本内外のマリファナに関する極端に否定的な報告例を断片的に集めたに過ぎない。全米委員会報告が短期的な人体実験および2年から17年に及ぶマリファナ常用者観察例に基づいているのに反し、厚生省は人体実験をしたことが全然ない。

従って日本のマリファナ取締りは科学的というよりタブーめいた先入観に立脚しているが、河越課長は「マリファナはひと握りの隠れた愛好家が吸っている程度で、覚せい剤犯と違って彼らは他の犯罪に走らず、社会に迷惑をかけてもおらず、暴力団の資金源になってもいない」とみて、日本の大麻取締法が所持に5年以下、密売に7年以下の懲役刑を定めながら罰金規定を欠いているのは「意外と重いねえ」と感じている。（中略）

大麻取締法は米の押付けだ

井上陽水は「アメリカでマリファナの味を覚えた」と自供したそうだが、マリファナを吸うことも、それに対するタブー意識も、第二次世界大戦後アメリカから日本へ直輸入されたものである。大麻取締法がまさにその象徴だ。これは米占領軍が日本に強制したポツダム政令をそのまま法律化して今日まで続けてきたものだ

敗戦まで日本でマリファナには何の規制もなかったが、全国に野生し、ま

た栽培されてきた大麻、つまりマリファナを日本人は麻酔剤や下剤に古くから利用し、日本薬局方にも「印度大麻草エキス」は鎮静、催眠剤として収められていた。日本産のマリファナは陶酔物質THC（テトラハイドロカナビノール）含有量が少ないといわれているが、その国産マリファナを日本人が古くから快楽のために使っていた可能性は否定できない。それにだれも目くじらを立てなかっただけの話だ。それは現代において、バナナの皮を乾かして火をつけて吸うとあやしい気分になるからといってバナナを禁制品にしろとだれもいわないのと、多分似たようなことだったろう。

〈毎日新聞　1977（昭和52）年9月14日5面「記者の目」関元（編集委員）〉

◆毎日新聞に掲載された記事

記者の目

たかが大麻で目クジラ立てて

寛容扱い　厳しい日本

MARIHUANA

習慣性・禁断症状なし
犯罪誘発の危険少ない

大統領も刑罰緩和を呼掛け

毎日新聞は、1977年（昭和52年）9月14日「たかが大麻で目クジラ立てて…」と題した社説で、日本政府の大麻についての厳しい規制に対して反論した。
毎日新聞

新たな国際条約と平成の大麻取締法改正、そしてその先へ

１９８０年代の大麻取締法による検挙者は１５００名前後を推移していたが増加傾向にありバブル時代に突入した日本では、覚せい剤の使用者の増加は深刻な状況であった。それに加えてコカインやデザイナーズドラッグと呼ばれる、いわゆる脱法ドラッグを使用する者も目立ち始めていた。

覚せい剤に比べて、コカインやデザイナーズドラッグはそのイメージからファッション性が高く感じられたため、若者たちや都市生活者を中心に使用者が増加する傾向にあった。

この頃には錠剤ではなく、紙シートによるＬＳＤも再び増加傾向にあり、警察当局も警戒を強めていた。また、メタンフェタミンを主成分とした、「エクスタシー」と呼ばれる錠剤のＭＤＭＡも世界的に流行していく。

覚せい剤やＭＤＭＡなどの向精神薬の爆発的な流行に対して、１９８８年に「麻薬及び向精神薬の不正取引の防止に関する国際連合条約」が締結される。これは、

単なる薬物に対する衛生保健的な側面を憂慮しただけではなく、国際的に流通する麻薬にかかわるマネーロンダリングやテロリズムなどの国際犯罪を警戒した国際条約である。

１９８０年代から90年代の麻薬に対する世界的な視点は、国際犯罪やテロリズム対策と深くかかわっている。それは、タイ・ミャンマー・ラオス国境付近ゴールデン・トライアングルのヘロインであったり、コロンビアのメディシン・カルテルのコカインであったり、北朝鮮やオウム真理教から流れてくる覚せい剤であったり、国際社会が規制しきれない麻薬の流出についての規制であった。

１９７１年に採択された「向精神薬に関する条約」や１９８８年に採択された「麻薬及び向精神薬の不正取引の防止に関する国際連合条約」は、これらの条約が規制する麻薬、向精神薬の不正取引を取り締まることを目的に、麻薬等の不正取引に由来するマネーロンダリングの処罰、不正収益の没収、コントロールドデリバリー、麻薬等の原料物質の監視・規制措置などを定めている。当然、この規制対象には「１９６１年の単一条約」で規制されている大麻も含まれている。しかし、これらの条約を批准していたＥＵやカナダ、オーストラリアの動きを見ると、非犯罪化の法解釈のもとに、大麻だけは別の扱いをするようになっていく。アメリカでも、カリフォルニア州を皮切りに、医療や個人使用の大麻の扱いについては見直しを始めていった。

一方、日本ではこれらの国際条約批准によって、１９９０（平成２）年と１９９１（平成３）年に大麻取締法は改定される。この改正は大麻取締法だけではなく、麻薬及び向精神薬取締法、覚せい剤取締法など薬物を規制するこれらの法律についてほぼ同じ趣旨の改定がなされている。この時期には、引き続き覚せい剤の使用が増加の一途を辿っている。これは、当時、広域暴力団の勢力範囲が大きく変化していったのにともなう資金源獲得に、覚せい剤の密売が深くかかわっていったことによる。

この頃の暴力団関係者は、覚せい剤やＭＤＭＡなどの扱いは行っていたが、大麻の密売は利幅が薄いために、あまり積極的ではなかった。

そして２０１８年、ＷＨＯと国連は、カンナビノイドには重篤な危険性はないことを宣言した。今後は、この判断を各国がどのタイミングで、どのように受け止めていくのかに注目したい。

改めて大麻とは何かを審議した中山裁判

２０１１年11月、東京在住の中山康直氏が、大麻所持で逮捕された。中山氏は大麻関連の著書も多く、講演も全国で行っている専門家でもある。彼は、戦後民間人初の大麻栽培免許を取得し、大麻研究を行ってきた。しかし、２０１１年時点では免許は返納しており、大麻を不法に所持していたことになる。この事件は、テレビのワイドショーなどで連日扱われた。

大麻草検証委員会のバックアップにより、２０１２年2月に公判が始まると、中山氏は大麻取締法の違憲性について問い、多くの証拠や証言によって大麻の有用性を訴えかけていった。それと同時に、大麻取扱免許を発行しないのは行政の不作為であるとして、中山氏は東京都に対しての行政訴訟を起こす。この2つの裁判には抽選が行われるほどの多くの傍聴人が訪れた。

2013年5月まで続いた2つの裁判は合計で15回に及んだ。結果的には敗訴し、その後の高裁と最高裁も上告棄却された。

しかし、判決の結果とはともあれ、この裁判の注目すべき点は別にある。

◆中山裁判記者会見

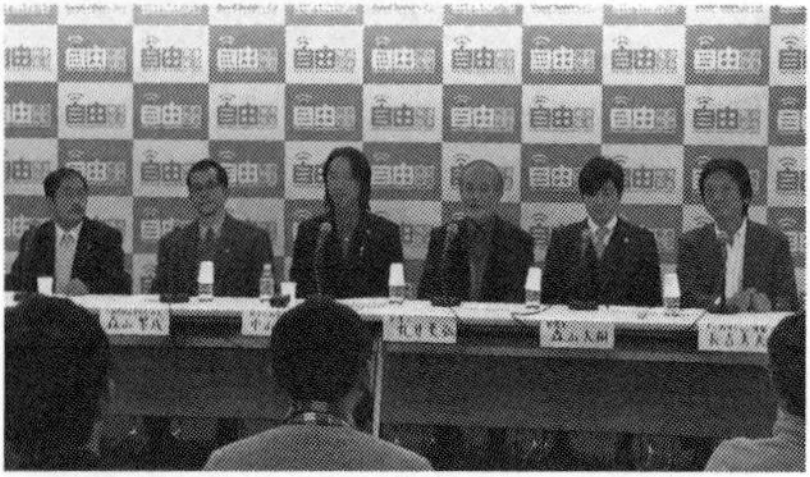

自由報道協会における記者会見の模様　自由報道協会

現在の大麻取締法違反の裁判では、被告人側の提出した証拠のほとんどは認められず、たいした議論もなされずに判決が言い渡される。裁判が形骸化されていると言ってもいいだろう。そんな中で、ほとんどすべての証拠が採用され、1年以上にわたり、大麻の有用性と大麻取締法の違憲性についての議論がなされたことは画期的といえるだろう。

マリファナマーチで合法化を訴える若者たち

毎年5月、多くの若者たちが大麻規制の見直しをアピールしながら都会の真ん中を行進する。それがマリファナマーチだ。世界のさまざまな都市で開催されているこのデモ集会は、日本でも東京、大阪、札幌、新潟、沖縄で毎年行われている。

マリファナマーチとは、大麻規制の見直しを訴える世界的な集会である。1998年から毎年5月に開催されるこの集会は、欧米を中心に同時多発的に行われており、300以上の都市で開催される。日本では2001年に東京で開催されて以来、東京・大阪で毎年行われている。参加人数は毎年異なるが、東京では最大で1200人が参加した記録が残っている。これは、ローマやロンドン、トロントで開催されるものに引けを取らない規模である。

東京の開催地では、デモ行進の始まるまでの数時間にバンド演奏やスピーチが行われる。

◆マリファナマーチは大麻合法化デモ

青山から渋谷まで、都会の真ん中で大麻合法化を訴えながら進むマリファナマーチ　Marijuana March Tokyo

皆、真剣に聞き入っている。そして4時20分、サウンド・システムとDJを積んだトラックを先頭に、整然と並んだ一団が青山公園を出発する。プラカードを持った一団の最後尾には、ゴミ袋を持って路上のごみを拾い上げるメンバーもいる。他の社会運動のデモに比べても、その心配りは高い。

「医療大麻を認めよ！」「冷静な議論を始めよう！」音楽とともに、DJランキン・タクシーと参加者とのコール＆レスポンスが都会の街にこだまする。

道行く人に手を振る一団は、青山から原宿表参道を通過する。すると、多くの人が笑顔で手を振りかえしてくれる。スマホで撮影をしている人もいる。外国人を含む200名近いデモ隊は、渋谷のスクランブルを通過し、沿道の数万人のギャラリーにアピールしながら19時過ぎにゴールの神宮通り公園に到着した。

若者たちが手づくりで開催しているマリファナマーチは、法改正を訴えながら毎年熱く楽しく日本の都市を歩き続けているのだ。

第4章

21世紀の産業大麻

産業大麻とは何か

産業大麻とは、産業用の目的で利用する大麻草のことである。日本国内では、嗜好用のいわゆるマリファナと同様に規制対象であるが、世界的には嗜好や医療利用の際に呼ぶことの多い「マリファナ（Marihuana）」と区別するために、「ヘンプ（Hemp）」と呼ばれることが多い。英語では、産業大麻のことを「Industrial Hemp」と呼ぶ。また、これは日本の法律には当てはまらないが、産業大麻のTHCの含有量の基準は、EUは0・2％以下、カナダとアメリカでは0・3％未満と決められている。

大麻は世界中で、古くから生活に欠かせない植物として利用されてきた。茎の表皮から繊維を採り、衣服やロープなどに利用してきた。帆

◆リーバイス2019年新作のヘンプジーンズ

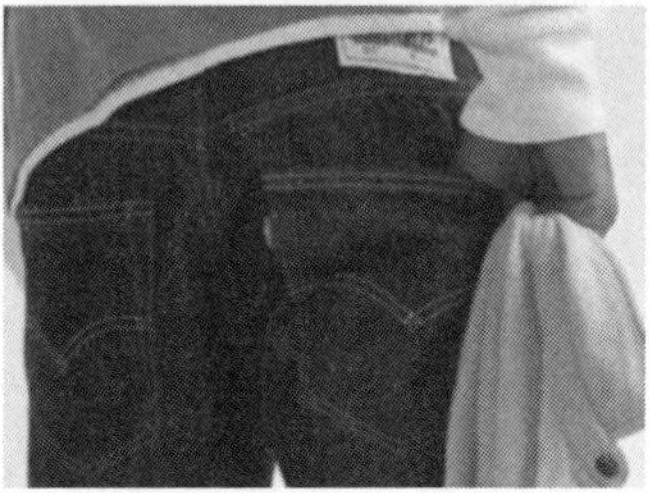

2019年に34年ぶりにニューヨーク証券取引所に上場したリーバイスは、ヘンプ素材の新作ジーンズを発表した。 Levi's

船の帆やロープ、初期のリーバイスのジーンズもヘンプ製であり、２０１９年にリバイバルしている。油絵などを描くキャンバスもヘンプ製だった。キャンバスの語源は、大麻の学術名でもあるカナビスに由来する。

また、表皮を剥いだ茎は燃料に、麻の実（おのみ）と呼ばれる種は食料になる。そして、麻の実を絞った油は、灯油や塗料、食用油として広く使用されていた。しかし、20世紀以降、石油燃料、ナイロンなどの化学繊維、石油由来の塗料などが誕生すると、大麻を利用する場面が減っていく。それと同時に、国際条約などによる大麻に対する規制により、産業用の大麻草の生産そのものも世界的に急激に減っていった。

しかし、１９９３年にはイギリス、94年オランダ、95年オーストリア、96年ドイツ、98年カナダが産業用としての大麻栽培を解禁している。そして、98年度からEUでは、１ヘクタールあたり９万円の栽培助成金を出し、大麻の栽培を奨励していった。21世紀に入ると、環境問題や資源問題を解決するための選択の１つとして、大麻を利用するという動きが出てきた。それとともに、大きな原動力となっていったのは、ＣＢＤの世界的な需要だ。産業用に指定されているＴＨＣの濃度が低い大麻からも花穂や葉から、ＣＢＤを抽出することができる。そのため、大麻を規制している国や地域でも、産業用大麻からＣＢＤを抽出するケースが増えてきている。

そして２０１８年12月、トランプ大統領は４年に一度見直される農業法である「２０１８ファームビル」に調印した。これによりアメリカでは、ＴＨＣが０・３％以下の産業用大麻については規制の対象外とし、合法となった。産業大麻を厳しく規制してきたアメリカ合衆国も、舵を大きく切り始めたのである。

この調印は、産業大麻業界にとっては、とても大きな出来事である。調印以前にすでにトライアルとしてＴＨＣが０・３％以下の産業大麻を栽培している農家は複数あった。しかし、連邦法での確定がないという理由から、金融機関はこれらの事業や投資に対しての融資を拒否してきた。しかし今後は、全米で産業大麻に対する融資が活発に行われることで業界自体が活性化し、産業大麻由来のカンナビノイドオイルや食品や多くの加工品が生み出されていくであろう。

◆スペインの大麻博物館

スペインの地方都市であるカジョサ・デ・セグラは、国内有数の大麻産業地域だった。大麻産業は日本とほぼ同時期の1960年代以降、石油産業の発展とともに衰退していったが、繊維でロープや漁網を作っていた編む技術は、化学繊維に成り代わった現在でも活かされている。

Callosa de Segura

良質な繊維からは、漁網や教会の釣鐘ロープ、そして、サッカーゴールのネットなどもつくられてきた。ヨーロッパも日本同様に大麻とひととの歴史は長い。

Callosa de Segura

産業大麻からつくられる多様な製品

古くから上質な素材の採れる植物として経験値として使用されてきた大麻草は、科学的な検証によって、その利用価値が再び見直されてきた。

「産業大麻」というカテゴリーは、食や建材、エネルギーなど多岐にわたり、明確な線引きはできない。この章では、伝統的なものも紹介しながら、これから未来に向けて期待できるいくつかのプロダクトを紹介したい。

ヘンプから採れる良質な繊維

成熟した大麻の茎の表皮から、上質な繊維を採ることができる。大麻繊維は、繊維構造が中空のため、吸湿、吸汗性がある。通気性に優れており、肌触りが涼しい。耐久性にも優れており、引張り強度で綿の8倍、耐久性で4倍の強度を持つ。

大麻繊維が世界中で広く使用されてきた大きな理由は、やはり繁殖範囲の広さだろう。広い気候に適応し、比較的痩せた土地でも栽培が可能である。良質な繊維を採るためには、やはり肥料などを与えたほうが好ましいが、他の植物と比較しても生育しやすい。そのため、木綿などが育たない温度の低い地域では、なくてはならない植物だった。日本の東北地方や北海道では、極寒の日々を過ごすために、そして農作業を行うために、なくてはならない命の繊維だったのである。

繊維用の大麻について

繊維用に栽培されている大麻の多くは、ＣＢＤＡ種というものである。ＣＢＤ

Ａ種は、ＴＨＣの含有量が低く、産業用大麻の国際基準である０・３％以下のものである。日本にも、栃木県が開発した「トチギシロ」という品種がある。この品種は、九州大学薬学部の西岡五夫名誉教授が佐賀県で発見した、ＴＨＣがまったく入っていないＣＢＤＡ種と在来種を掛け合わせて開発されたものである。

ところで、産業大麻、ヘンプを語る際に、「無毒大麻」という言葉を聞くことがある。これは、陶酔成分であるＴＨＣが含まれていないという意味でつけられた、戦後の日本独特の名称である。だが、ＴＨＣは毒ではない。それは、科学的にも国際的にもＷＨＯや国連をはじめとした世界各国が認めていることである。

ＴＨＣを毒と定義するのは、あまりにも安直であり、このことが大麻を危険な植物と印象付ける一因にもなっている。

麻と大麻の違いは？

日本では昔は麻とは大麻草のことであった。背丈も高く成長するため、良質で長い繊維が採れる大麻草を「おおあさ」と呼んでいた。

◆主な麻の種類

大麻	ヘンプ	アサ科	1年草
亜麻	フラックス、リネン	アマ科	1年草
苧麻（ちょま）	ラミー、からむし	イラクサ科	多年草
ジュート麻	ジュート、黄麻	シナノキ科	1年草
マニラ麻	アバカ	バショウ科	多年草
サイザル麻	サイザルヘンプ	ヒガンバナ科	多年草
ケナフ	ケナフ	アオイ科	1年草

北海道ヘンプ協会ＨＰ参照

現代では麻とは繊維を採れる植物の総称を意味し、その種類は約20種あると言われている。代表的なものを表にまとめた。それぞれまったく異なる種類の植物である。

衣服のタグに「麻」と表示のある製品は大麻ではない

家庭用品品質表示法は、１９６１（昭和36）年に施行された法律である。これにより、タグ表示によって、繊維や衣服の素材を表示することが義務付けられている。しかし、この法律ができた時点で、大麻は規制対象に入っていたため、「麻」という表示で示すものは、亜麻（リネン）、または苧麻（ラミー）を材料とした製品に限ると定められている。従って、大麻でつくられた家庭用品であっても、「麻」という表示ができず、「植物繊維（大麻）」などの素材名で表示されている。

◆海外で活躍する日本人大麻農家

オーストラリア在住の磯貝久氏は、2015年、NSW州農務省公認大麻栽培免許を取得し、品種改良のための大麻栽培を行っている。2018年、大学から共同研究のオファーを受け[Cannabird Hemp Research Center]を設立。品種改良の他にも、畑内で養蜂し、ヘンプハニーやヘンププロポリスなどの研究や、カンナビノイド以外のヘンプ成分に着目したアンチエイジングスキンケア製品の開発に従事している。

P.199写真／Hisashi Isogai

食と大麻

大麻は食料としても魅力的な植物だ。

大麻の種には、良質なタンパク質やミネラル、そしてオメガ3やオメガ6などの必須脂肪酸もバランスよく豊富に含まれている。厚生労働省が推薦する脂肪酸のバランスは、オメガ3とオメガ6の比率が1：4なのに対して、麻の実には1：3の割合で含まれている。また、抗酸化物質であるカンナビシンaも含まれており、アンチエイジングの作用も有している。ちなみに、大麻の種は大麻取締法の規制対象外であり、食べても逮捕されることはなく、精神変容作用を起こすこともない、安心で安全な健康食材・スーパーフードである。

中国の桂林の近くに、広西省チワン族自治県巴馬《バーマ》という場所がある。山と川に囲まれたこの地は、世界一の長寿村と言われており、100歳を超えた多くのお年寄りが、現役として山仕事などに従事しながら暮らしている。彼らの長寿の秘訣は、毎朝食べるお粥《かゆ》にある。このお粥は、トウモロコシの粉と砕いた麻の実でつくられている。栄養価満点の麻の実を毎朝食べることで、１００歳を超えても現役で暮らしていける豊かな人生を送っているのである。

麻の実は、茎や花穂同様に太古の昔から利用されていた。日本でも煮たり焚いたり炒ったりして、料理食材として使用してきた。また、麻の実を絞った油は、菜種油などと同様の植物油として使われてきた。人間のみならず、鳥や小動物の餌としても、小鳥屋やペットショップで販売されている。ちなみに、現在販売されている麻の実は、熱処理などを施され、発芽しないように処理されている。

麻の実は固い殻に覆われており、そのままでは食べづらい。そのため、粉砕したり煮たり、油を搾ったりするなどの処理が必要だったが、殻を取り除く技術が発達し、「ヘンプナッツ」という名称で日本でも広く普及している。また、麻の実からオイルを絞った後のものを粉状にした「ヘンププロテイン」も、植物性タンパク質を豊富に含んでおり、筋肉増強やダイエットなどに使用する人たちが増えてきている。

◆イタリア「420 Hemp FEST 2018」

2016年に始まったこのイベントでは、産業大麻による製品を紹介している。20世紀初頭のイタリアは世界的な大麻生産国の1つであり、1940年には国土の9万ヘクタールが大麻畑だった。このイベントは毎年4月20日前後の3日間行われ、製品紹介や芸術を通して大麻についての情報交換をする場所となっている。

◆麻の種

売られているのは国の規定に沿ったCBD種。

◆ヘンプチーズ

ヘンプシード（麻の実）入りのチーズ。

◆ヘンプグラノーラ

ドイツのecopassionという会社のヘンプシード入り有機グラノーラ。

◆麻の実

食用ヘンプシード（麻の実）の試食。

◆ボディケア

ヘンプオイルの配合された石鹸やシャンプー、ボディクリームなど。

◆ヘンプティー

ヘンプリーフ（ヘンプの葉）を乾燥させたヘンプのお茶。

◆ヘンプマヨネーズ

原材料も有機にこだわったヘンプマヨネーズ。イタリア産。

◆食用オイル

ヘンプオイルの他にもペンプシード&パンプキンシードオイルなどもある。

◆国産の麻炭シャンプー

麻炭の持つ吸着性や消臭性が毛穴の古い皮脂分や汚れを取り除く。

◆国産の麻炭

国内でも、国産大麻による商品の研究開発が行われている。特に麻炭への着目は、日本独自のものである。麻の炭は多孔質性が高く、優れた吸着性を持ち、空気・水の浄化、消臭、調湿、化学物質の吸着・除去などさまざまな作用がある。

P202～203写真／asanoko

日本の食文化の中の大麻

大麻の種は「麻の実（おのみ）」という名で、昔から日本人に食べられていた。その歴史は遥か縄文時代に遡り、鳥浜遺跡や三内丸山遺跡からは食用として使用されていた大麻の種が発掘されている。

古代日本では大麻の種も五穀の1つに数えられており、稲作以前から大麻は食料としても重要な作物であった。現在でも、大麻の種は日常の生活の中で私たちの口に入っている。例えば七味唐辛子の中にも大麻の種が入っている。

七味唐辛子は七色唐辛子とも呼ばれ、そのルーツは江戸時代に遡る。

1625（寛永2）年、初代からしや徳右衛門という男が、江戸の薬研堀《やげんぼり》（現在の両国近辺）で売り出したのが始まりとされている。当時の薬研堀界隈には、医者や薬問屋が密集していた。薬研とは漢方薬をすり潰す器具の名称である。徳右衛門は、漢方薬からヒントを得て、それらの材料を食用にできないかと思案したことで、七味唐辛子が生まれたのである。

七味唐辛子の中身は、生の赤唐辛子、煎った赤唐辛子、麻の実、芥子《けし》の実、粉山椒《さんしょう》、黒胡麻、陳皮《ちんぴ》（みかんの皮を炒ったもの）」の7種類である。京都や長野では中身が若干違うが、どこの七味にも麻の実は入っている。

七味唐辛子は、「薬味」という名の通り、食であり薬であったのだ。

建材として注目されている大麻素材

日本では建材としても使用されていた大麻だが、1990年代にドイツで、ヘンプ素材を建材として利用する動きが出てきた。数十年経たないと育たない地球上の木材を、年間に9億立方メートルも使用して家を建てていくことは森林伐採につながり、自然破壊を引き起こす。しかし、100日で育ち、輪作が可能な大麻を使用することで、それが食い止められるだけではなく、新たな産業も生まれてくるというのがドイツの人々の考え方だ。

1980年代、ヘンプの茎を細かく砕いた麻チップを素材とした合板「カノスモーズ」がフランスで考案された。麻チップと石灰と水を混ぜ合わせてつくったこの建材は、強度が極めて強く、取り扱いや加工が簡単な上に、耐火性も兼ね備えている。また、通気性も高いので、冬も夏も一定の室温に保つことが容易である。この建材をはじめとして、産業大麻による建材の生産が盛んになっていった。2019年現在、ヘンプ建材は世界に広がっている。

塗料としては、ヘンプオイルを原料としたオイルフィニッシュがあり、ラッカーやウレタン仕上げとは違う自然な仕上がりと自然素材としての安全性も高い。グラスウールではなく、ヘンプ繊維を使用した断熱材もドイツで開発された。これにより、その家に住む人だけではなく、施工する職人たちの健康も保全できる。

内装材としても、大麻素材は使用可能である。大麻のチップには通気性や保温性のほかに、抗菌性や防虫効果もある。

この大麻チップと、マグネシウムを多く含む白雲石を焼成・消化したものを混ぜた「麻壁ドロプラ」と、珪藻土とチップを混ぜた「麻壁珪藻土」というものもある。その他にも、ヘンプ布のクロスや大麻紙を使用することで、体と環境に優しいヘンプハウスをつくることが可能である。

日本でも昔から大麻は、日本家屋の建材として使用されてきた。繊維を取り去ったあとの木質である「おがら」は、茅葺屋根の下敷きに利用されることもあり、土壁や漆喰には、大麻の繊維くずである麻スサを、石灰やフノリと練り合わせてつくってきた。

その他、大麻糸で織り上げた蚊帳なども、日本の伝統的な道具である。

◆ヘンプブロック

型枠にコンクリートのように流し込んで固めたもの。時間の経過とともにコンクリートよりも強度が強くなるという。

◆ヘンプパネル

大麻の茎の木質部分を使用した合板パネル。

◆ヘンプ断熱材

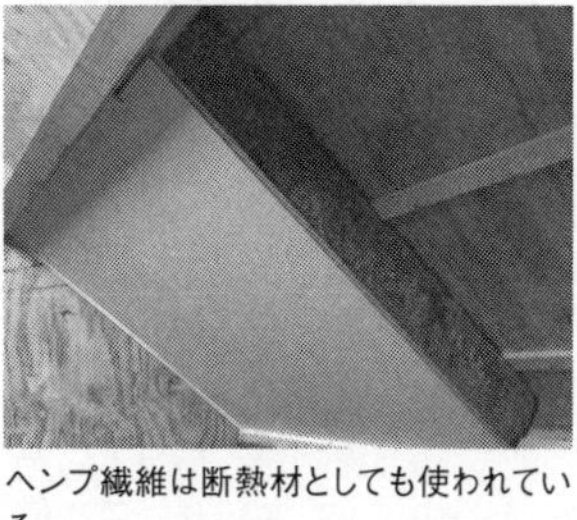

ヘンプ繊維は断熱材としても使われている。

P.207写真／HempFlax

ヘンプクリート

ヘンプクリートとは、大麻の成熟した茎の木質部分を細かく粉砕した「大麻チップ」に石灰や砂などを混ぜたものである。主に断熱材や調湿建材として、壁材などに利用されている。

大麻の木質は多孔質で通気性もよく、建材に適している。型枠にコンクリートように流し込んで固めて壁をつくる方法が一般的である。

マイクロプラスチック問題とヘンプブラスチック

2019年現在、マイクロプラスチックの問題がクローズアップされている。国連環境計画（UNEP）が2018年6月に発表した報告書によると、プラスチック製品は世界全体で約90億トンが生産され、そのうちリサイクルで再利用されたのはわずか9%にとどまっている。それ以外のものは、地中に埋めるなどの処理を行うが、年間約800万トンのプラスチックが河川から海へと流れつく。

世界の海には、すでに1億5000万トンのプラスチックゴミが存在していると言われている。海洋を漂うプラスチックゴミは摩擦や紫外線によって分解され、細かい粒子状のマイクロプラスチックになる。それらのマイクロプラスチックを、プランクトンを含む海洋生物たちがエサと間違えて食べ、さらに海鳥などへの食物連鎖をしながら、生物たちの命を奪っている。

マイクロプラスチックの影響は、人間にもおよび始めている。2018年10月に開かれた欧州消化器病学会で、ウィーン医科大学のシュワブル氏は、日本人をふくむ実験に協力をした8名の糞便から、マイクロプラスチックが検出されたと発表した。現在、国際社会は次々とプラスチック製品の使用に制限をかけ始めている。このような状況の中、自然の中で生分解される、植物由来のプラスチックが注目されている。

大麻から採れる良質な繊維から、植物由来のプラスチックをつくることができる。植物由来プラスチックには、製造工程や構造などが異なるさまざまな種類が存在するが、欧米ではすでに実用化されている。

植物由来のプラスチックは、セルロース系、デンプン系、乳酸系、コハク酸系、酪農系、グリコール系など、多くの種類が開発されている。

1990年代、「生分解性プラスチック」は、そのまま廃棄しても微生物が分解し、やがては土に戻る素材として、環境汚染対策として注目されてきた。しかし、生分解性プラスチックは、分解する過程で二酸化炭素を排出するため、石油由来のプラスチックについては、それが生分解性プラスチックであっても、焼却処分するのと変わりがないことが指摘されてきた。また、生分解性プラスチックは微生物などによって分解されることを第一目的としていたため、耐久性などに問題があるものが多かった。

一方、植物を原料とするプラスチックは、処分する時点で二酸化炭素を排出するものの、その素材である植物が成長する過程で二酸化炭素を吸収するため、実質上の二酸化炭素の排出はカウントされないことになる。この特性は「カーボンニュートラル」と呼ばれており、資源循環と環境保全に貢献するものとして、注目を集めている。

◆ヘンププラスチックでつくられた製品

大麻の良質な繊維は、植物由来のバイオプラスチックの素材としても使用されている。 バイオマス白書2013

ヘンププラスチックは、自動車の内装にも使用されている。 Hemp Flax

現在では、生分解性プラスチックと区別するために、植物由来プラスチックを「バイオマス・プラスチック」という呼び名で統一する動きがある。

バイオマス・プラスチックの中で、現在最も展開が進んでいる方法は乳酸系のものであり、フィルムやシート、食品容器やパソコンの筐体などにも使われ始めている。これらのプラスチックをつくる原材料は、現在はトウモロコシやジャガイモが広く使われている。

しかし、食糧をバイオマス・プラスチックやバイオ・エネルギーに使用することは、穀物価格の高騰に繋がり、世界各地に食糧危機を引き起こすことが指摘されている。一方、大麻を利用した場合、生育スピードも速いのでバイオマス加工物の原料としては、かなり有効な植物なのである。

メルセデスベンツは大麻でできている

環境保全の観点から、ＥＵでは、一定量のバイオマス・プラスチックを自動車の素材として使用することが義務付けられている。そのため、大麻繊維と既存のプラスチックを混ぜた複合材料が、ＥＵの自動車の内装材やさまざまな部位に使用され始めたのである。

現在、メルセデスベンツ、ＢＭＷ、アウディをはじめ、ＥＵを代表する自動車の一部は大麻でつくられているのである。

具体的には、ドアトリムの場合は、不飽和ポリエステルをマトリックス（母材）として、大麻繊維を強化材に使用し、プレス成型の一種であるＳＭＣ（シート・モールディング・コンパウンド法）が用いられている。通常、

◆ベンツに使われているヘンプ素材

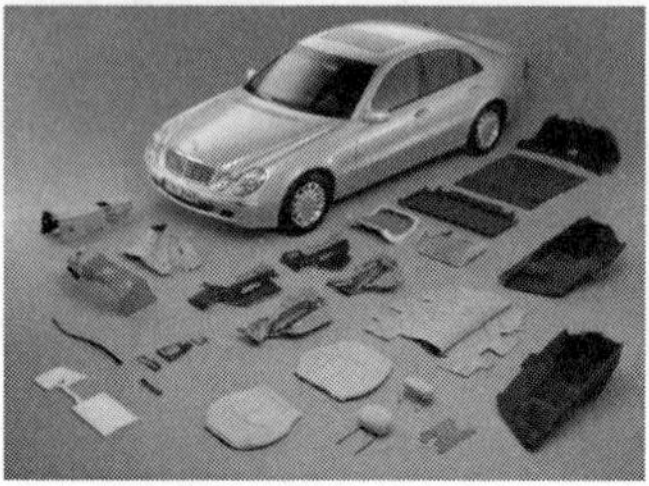

ヨーロッパでは、自動車の素材として一定量の大麻を使用することが義務付けられている。

Overview on the EIHA & the European Natural Fibre Industry,4th EIHA conference（2006）

プラスチック強化材には、ガラス繊維（グラスファイバー）や炭素繊維が使用される。大麻はガラス繊維に比べてまだまだ生産量は少ないが、価格も安く軽い材料でもあるので、今後も十分有用な素材とされている。強度についても、同等あるいはそれ以上の特性を持ち、製造時のエネルギー消費量も低い。

このように性能的にも問題がなく、経済効果や環境問題対応にも優れている大麻素材は、EUの自動車リサイクル法や拡大生産者責任の観点からも大変現実的な工業素材として大量実用化の状況まで達している。現在では、ダッシュボードやドアの内張り以外にも、エンジンファンやエンジンカバーなどの生産も始まっている。

◆ロータス・エコ・エリーゼ

ボディや内装にヘンプ素材を使用。使用した大麻はロータスの工場内の大麻畑でつくられた。 Lotus Cars

また、2008年に発表された、ロータス・エリーゼのエコバージョンでは、大麻素材のボディが採用されている。このクルマのコンセプトは、性能や環境対応などのほかに、ヘンプ素材を採用している

◆ポルシェ 718 ケイマン GT4 クラブスポーツ

2019年1月に発表されたポルシェのスポーツカー。大麻を含む天然有機繊維はカーボンファイバーと同等の性能を備えている。 Porshe

というファッション性も重視している。このロータス・エコ・エリーゼに採用された大麻は、すべて、ロータスの工場内に設置された大麻畑で栽培された大麻を原料につくり上げられている。

また、2019年1月には、ポルシェが718ケイマンGT4クラブスポーツを発表した。同車は量産レーシングカーとして初めて、ナチュラルファイバーコンポジット素材を採用し、左右のドアやリアウイングには、大麻などの天然有機繊維の混合物が使用されている。重量と剛性の点で、カーボンファイバーと同等の性能を備えているという。

このように、今や大麻は最先端の工業素材として実用化されているのである。

大麻でつくられたヘンリー・フォードのヘンプカー

ヘンプから自動車をつくるという発想は、実は20世紀のフォードから始まっていた。1941年、フォードは大麻と大豆、サイザル麻由来の繊維樹脂をボディに使用した自動車を試作した。このフォード車は、鉄鋼でできた同型の車よりも重量が3分の2、衝撃強度は10倍であると、アメリカの『ポピュラー・メカニック』誌は伝えた。しかもフォードは、このオーガニック・カーを、大麻などを発酵させて抽出したエタノールで走らせたのである。

1930年代のフォード社は、アメリカ産の大麻に含まれる炭水化物を使用して、石油から製造されるあらゆる加工物を製造することができることを知っていた。1930年代のフォード社は、ミシガンのバイオマス転換工場で、チャコール燃料やクレオソート、酢酸エチル、メタノールなどの合成物を大麻からつくり上げることに成功していた。そして、大麻ポリマーでできたプラスチックがほとんどの製品の基礎単位となることを予見し、大麻由来のバイオ燃料によって走る自動車を世界に提案した。

大麻の茎から取れる良質な繊維部と木質部、種子を原料とした加工物は、衣料や食料、建材などだけではなく、実にさまざまな工業用品をつくることが可能である。現在、その種類は実に2万5000種類と言われている。その研究の歴史は古く、20世紀初頭には、工業用ヘンプの利用方法が実用される一歩手前まできていたのである。

1913年に発明された大麻の自動剥皮機の登場は、それまでのロープや撚り糸などでの繊維利用ではなく、セルロースなどへの転用を可能にさせた。当時のアメリカでは茎を発酵させて繊維を手作業で剥ぎ取っていたが、その手間が省けるだけではなく、繊維を除去した後の木質の麻くずを工業品の原料に転用できる可能性が見えてきたのである。

麻くずには77%以上のセルロースが含まれており、このセルロースから、セロファンやセルロイドやプラスチックからダイナマイトまでつくり出すことが可能となった。そのため、アメリカ中の発明家は大麻のさまざまな利用方法を考案し

◆ヘンリー・フォードのヘンプカー

ヘンププラスチックをボディに使用。強度を示すために、ハンマーで叩いている。 Ford

燃料はガソリンではなく大麻などを発酵させて抽出したエタノールを使用した。 Ford

た。その中でも卓越した先見をもつ男が、自動車王と呼ばれたヘンリー・フォードであった。彼は、その当時のアメリカ産業の総転換を見越し、石油ではなく大麻を使った産業の礎を提案した。

フォードがこの自動車を発表したのは1937年。しかし、同年に施行されたマリファナ課税法により、フォードが示した大麻由来のオーガニック工業の未来は夢と消えてしまう。

21世紀に入り、先進的だったヘンリー・フォードの考え方と実行力が再び注目され始めた。彼が提案した、農作物から自動車をつくるという発想や技術について、ダイムラー（メルセデスベンツ）やトヨタ自動車などが、最新技術のトピックスとして再び取り上げるようになり、工業界はバイオマスとしてのヘンプの可能性に、再注目し始めたのである。

大麻由来のバイオマスエネルギー

バイオマスエネルギーとは、どのようなものなのだろうか。基本的にバイオマスエネルギーは、どんな植物や有機物質からもつくることが可能である。

バイオマスエネルギーの利点は、石油燃料のように硫黄などの物質が含まれていないため、大気汚染や酸性雨などを引き起こしにくいことにある。そして、バイオマスエネルギーの原料となる植物は、光合成により二酸化炭素を吸収して成長するため、燃焼時に排出される二酸化炭素の量と相殺することが可能である。

しかし一方で、作物の種類によっては表土を疲弊し続けてしまうという問題も発生する。大麻はバイオマスエネルギーの原料として大変有効であることがすでにわかっており、EU各国では実用段階に入っている。それでは、なぜ大麻はバイオマスエネルギーとして最適な植物なのだろうか。

大麻は1年草の植物であり、その成長速度が速いことから二酸化炭素の吸収量も多い。そして大麻は、表土を傷めずに輪作を行うことが可能である。それどころか、化学肥料に含まれる硝酸性窒素なども吸い上げ、土壌を改良する力がある。そして、何よりも大麻は農薬を使用せずに育っていく。つまり、大麻によるバイオマスエネルギーは、それを燃焼した場合の二酸化炭素の排出量は成長過程で吸収する二酸化炭素の量よりも少なく、同時に、表土を改善することも可能なのである。

麻の実オイルで全国を縦断するヘンプカー・プロジェクトの試み

２００１年７月４日。アメリカでヘンプオイルを燃料にして大陸を横断するプロジェクトがワシントンからスタートした。この話題は、インターネットを通して、ヘンプの可能性に関心を寄せる日本の人々にも届けられた。

当時スタートしたヘンプ情報のメーリングリスト「hemp-info」でも、そのキャンペーンは話題となり、日本でもヘンプカーを走らせてみようという企画が誕生した。この『ヘンプカー・プロジェクト』は、若者たちを中心に、ヘンプや産業大麻の可能性に着目しはじめた地方自治体や企業家、そして、大麻問題にかかわってきた関係者などの力を借りながら、手探りをしながらも具体化していった。

刻々と更新されるアメリカのヘンプカー・プロジェクトの情報をキャッチし、検討しながら進めていく内に、アメリカで9・11テロが発生する。そして、この混乱の中、アメリカの情報はまったく入らなくなってしまう。ヘンプの有効利用を通して、石油問題や環境問題を見直していこうとしていた日本のヘンプカー・プロジェクトのメンバーやサポーターたちも、9・11テロの発生に衝撃を受け、『平和』というキーワードを加えて、企画の実現に向けて奔走した。

その中心となったのは、実行委員長に縄文エネルギー研究所の中山康直氏、副委員長にはNPO法人ヘンプ普及協会の井野口貴春氏、日本麻協会の岡沼隆志氏、事務局の赤星栄志氏、中山氏の主催する縄文エネルギー研究所の2人のスタッフたちであった。

このプロジェクトを具現化するために大麻に関心を寄せる多くの人が集まったが、問題は山積みだった。

本当にディーゼル車がヘンプオイルで走るのか。日本を縦断するだけの耐久性があるのか。肝心の資金などの調達はどうするのか。さまざまな議論が、ネット上やリアルな会合で何度も行われる中、ディーゼルのキャンピングカーを、ヘンプビール『麻物語』を製造していた新潟麦酒の宇佐美社長が提供した。燃料のヘンプオイルは、Industrial Hemp Club（関西消費者倶楽部）とヘンプ・レストラン麻が合計2600リットルを提供した。これらのオイルを染谷商店の協力のもとで精製し、準備は整っていった。

2002年4月、産業大麻の可能性について勉強会を開始していた北海道滝川市を出発地に、1万3000キロのヘンプカー・プロジェクトがスタートした。全国各地を訪問し、中山氏や赤星氏を中心に、大麻についての講演会が開かれていった。当初は少なかった参加者も、ヘンプカーが西へ進むにつれて多くなっていく。当初、予想していた参加者層は、嗜好品としての大麻解禁を望む人々がほとんどだと考えられていたが、実際には、環境問題や健康に強い関心のある人やスピリチュアルな世界に関心を寄せる人々が7割を占めるような構成になっていた。この時点で、日本でもすでに、ヘンプの可能性をしっかりと見つめていこうとする市民の芽が生まれ始めていたのである。

ヘンプカーはさまざまな土地の大麻に所縁のある寺社へも訪れ、フィールドワークを続けていった。その中で、大麻と神事の関係について寺社関係者たちとディスカッションしたり、実際に注連縄や鈴紐に大麻が使用されているかどうかという実地調査を行っていった。その結果、実際に大麻を使用している神社は3～4割程度に留まり、その他はビニール製のものに代替していた。また、関係者の中にも神道と大麻の関係性について正しい知識を持ち合わせていない方も多く、戦後の日本文化が戦前のそれといかに急速に変化していったかが身にしみて感じたと中山氏は言う。

日本のヘンプカーは2002年9月に沖縄でゴールを迎え、その後、協力をしてくれた船井総研のイベントである船井ワールドで報告会を開催した。

その後、2011年には、2008年8月8日に日本初の「産業用大麻特区」に認定された北見市の3周年ということもあり、道内18カ所で講演会やマルシェを行い、ヘンプの有用性を説いた。並行して、産業用大麻の普及に関する請願署名2041名分を、道庁総合政策部の竹林地域支援監を通じて高橋知事に提出した。その流れは、2012年に「ヘンプネット」（北海道産業用大麻普及推進ネットワーク）が発足されるなど、道内の産業大麻復活への道のりに、大きく弾みをつけていった。

◆麻の実オイルで走るヘンプカー

2002年にスタートしたヘンプカー・プロジェクトは、全国8地域4万キロを走破し、大麻の有用性を伝えている。
Hemp Car Project

ヘンプカー・プロジェクトは、2002年の第1回で日本縦断を成功させた。その後、2011年から2016年までの6年間で日本の8つの地域を走破し、各地で日本における麻産業の現代的な復活を提唱している。ヘンプカーは、公式な走行距離と試験走行や単発走行なども含めるとヘンプオイルでの合計走行距離は約4万キロとなり、ちょうど地球を一周したことになる。

ヘンプカー・プロジェクトは、2019年

現在も続いており、全国でイベント的に開催されている。この運動をきっかけに、ヘンプや大麻問題を見直そうとする気運が全国へ広がっている。

日本麻振興会の活動

日本麻振興会は岐阜・栃木・北海道などの麻生産者5人が発起人となり、2012年4月に設立された。「日本各地に伝わる麻に関する伝統文化・生活の中で伝えられてきた技術を後世に伝え、また、麻に係わる産業の振興に寄与することを目的」とする組織だ。日本の大麻生産の90%以上を占める栃木県鹿沼市が拠点。1853年、初代大森半右衛門からその歴史を刻む麻農家7代目の大森由久氏を理事長に、会員は生産者だけでなく大学研究者・麻加工関係者・伝統芸能者・神職など1500人以上となり年々増加中で、麻に関する調査、研究、情報交換のためのイベントなどさまざまな分野で「振興」に取り組んでいる。

設立年にスタートした「日本麻フェスティバル」は栃木を皮切りに第2回を徳島県吉野川市、第3回は栃木、4回、5回の兵庫県伊丹市を経て再び栃木へと戻り、第1回より年を空けることなく毎年開催されている。フェスティバルには歴史研究家の林博章氏や阿波忌部氏直系の三木信夫氏、栃木県立博物館学芸員の篠崎茂雄氏などが歴史的視点からの講演を行ってきた。そして、第2回のフェスティバルには飯泉嘉門徳島県知事も登壇した。

日本麻フェスティバルは、「麻に関する伝統文化・生活文化の展示と実演」として全国各地の大麻に関係するさまざまな催しと出店があり、全国の大麻関係者の交流とともに一般参加者にとっても情報交換ができる貴重な機会となっている。日本麻協会では「ふれあい縁農」として年間を通した麻栽培の体験なども行われていたが、現在麻畑へ受け入れているの

◆第７回日本麻フェスティバルの会場

フェスティバルの会場となったのは栃木県鹿沼市の旧粟野中学校。近くには大麻栽培の様子が常設展示される粟野図書館もあり、以前は大麻畑が広がっていた地域だ。

は研修生ほか関係者のみで、撮影なども禁止されている。日本麻振興会が取り扱う精麻「野州麻」は全国の神社仏閣をはじめ伝統文化にかかわる大麻の需要、ヘンプアクセサリー作製などの個人対応に至るまで多岐にわたり、用途に応じた精麻生産への研究・開発にも力を入れている。

大森由久氏が栽培、加工した精麻は、第69代横綱白鵬翔、第72代横綱稀勢の里寛などの横綱などにも使われた。また、大森氏による全国各地で「振興」に向けた講演だけでなく、8代目大森芳紀氏は設立した野州麻紙工房を拠点に麻紙を中心とした新たな大麻の生活利用の提案やワークショップなどを開催、大麻への理解と普段使いの商品開発、普及に力を注いでいる。

日本麻振興会から派生した組織として「全国の神社仏閣に神麻の注連縄・鈴の緒を奉納する有志の会」からスタートした現在のＮＰＯ神麻注連縄奉納有志の会があり、２０１６年10月、上一宮大粟神社への奉納を皮切りに三輪恵比須神社・大麻比古神社・護王神社・剣山本宮剣神社・忌部神社・富岡八幡宮など全国の神社への注連縄奉納を続けている。

京都で開催された世界麻環境フォーラム

ＮＰＯ法人日本麻協会が２０１６年７月２日に開催した「第１回世界麻環境フォーラム KYOTO2016 HEMP Lifeline to the Future ～麻は未来の生命線～」は世界５大陸25カ国からの参加者による麻農業者や麻関連企業、麻や環境の専門家グループの国際ネットワークとして開催されたキックオフフォーラムである。

意外なことだが、世界には Hemp Industries Association（HIA）、THCF（The Hemp and Cannabis Foundation）、European Industrial Hemp Association、Business Alliance in Commerce and Hemp（BACH）、National Hemp Industrial Association、the Campaign for the Restoration and Regulation of Hemp（CRRH）、Vote Hemp など、さまざまな立場からさまざまな活動を展開するグループが存在する。しかし、全世界を網羅する国際的なネットワークが存在しなかった。そこで緩やかなネットワークをつくろうとインターネットを活用した「International Hemp Environmental Forum（ＩＨＥＦ）」が結成され、世界規模

での大麻に関する交流サイトが誕生した。

当初は参加者それぞれの自己紹介や活動報告などがメインのほのぼのとしたまさに交流サイトに過ぎなかったが、世界の情勢をシェアしていく中で浮き彫りになってきたことは、大麻の現状以上に世界が直面している環境問題だった。「大麻で世界の環境問題解決に貢献できないか」がフォーラムの大きな課題となったが、ネット内のフォーラムということ、そして時差の関係もあり、24時間盛り上がる世界中からの発信はタイムラグと混乱を生じさせる結果となった。

そこで一堂に会し話し合う場を持とうと開催されたのが、第1回世界麻環境フォーラムである。場所は、地球温暖化防止会議で京都議定書が採択された国立京都国際会館。国際

◆第１回世界麻環境フォーラム

大麻を通して何ができるか、世界が直面する問題の解決に大麻がどう貢献できるかを模索する試みだった。

環境都市、日本の京都が起点となり、日本から世界へ、世界から日本へと大きな潮流を生み出す最初の試み。目的は「持続可能な未来の創造」ということで決定された。この会議は１９９３年に任意団体として発足し、２０１３年よりＮＰＯとしての活動をスタートさせた日本麻協会の総決算とも言えるイベントでもあった。

会議では日本からは「日本の麻の歴史と伝統、現状と展望」として阿波忌部氏三木家28代当主で平成天皇大嘗祭麁妙調進者の三木信夫氏、農学博士で北海道優良水稲「ゆめぴりか」開発者でもあり産業用大麻研究免許保持者（当時）で社団法人北海道産業用大麻協会代表理事の菊地治己氏、株式会社八十八や代表取締役で産業用大麻栽培免許保持者（当時）の上野俊彦氏、京都麻業株式会社代表取締役社長で麻問屋「麻小路」代表の小泉光太郎氏が登壇。世界からは『HEMP Lifeline to the Future』の著者でＨＩＡ共同創設者初代代表やＢＡＣＨの立ち上げに貢献したクリス・コナード氏（アメリカ）、カナダを中心に国際的に麻の専門家として活動するアンドレア・ハーマン氏、ＴＨＣＦ創設者のポール・スタンフォード氏、Hemp Foods Australia 代表のポール・ベンハイム氏をはじめとしたメンバーが集結した。

開催時、この第1回世界麻環境フォーラムは一般財団法人セブンイレブン記念財団の助成や京都市の後援がついたこと、門川大作京都市長や同時開催された「麻地球日」の開催地・京都賀茂別雷神社（上賀茂神社）の田中安比呂宮司、そして安倍昭恵首相夫人の参加が話題となった。

麻の着物を纏って登壇した門川大作京都市長は「夏は朝から晩まで麻。京都の伝統文化は麻とともにある。しかし麻の精神文化とマリファナは分けるべき。麻の文化をどう継承していくか」と行政の立場から訴えた。田中安比呂宮司は「麻は古くから清め祓いに使われ、変わるものはない。後世に伝えていくべき文化」として神社と麻の関係をアピールした。安倍昭恵首相夫人は「経済とともに人間らしい感じる力を取り戻すことができる本質的に大切なものを見ていかなければならない時代。伝統文化としての麻は大切であるとともにさまざまな疾患に効果がある大麻を医療としてぜひ解禁して欲しい。またさまざまな利用が地方創生にも繋がる」と大麻の有用性を訴え会場を沸かせた。

イベント後、登壇者や参加者の中から逮捕者が出るなどして日本国内においては大きな広がりを見せることはなかったが、これをきっかけとして、いくつかの日本企業と海外企業との提携などに繋がっている。

新たな麻文化が生まれ始めている

「大麻布をもう一度、日本のスタンダードファブリックに」をテーマにスタートした麻世妙（majotae）。自然布研究家の吉田真一郎、帯匠の山口源兵衛をエイベックス・グループがバックアップして誕生した「日本人が忘れてしまった布」である大麻布を現代に甦らせたファブリックブランドだ。また、ヘンプの着物やスーツなどを展開するSanta Maria、オリジナルの大麻布や商品を提供するhemp fabric organic、ヘンプ100％のTシャツやメガネをデザインから手がけているleaders など続々と新しいブランドが誕生している。１９９９年に設立したヘンプアパレルの老舗RENATURE も質のよい製品を発表している。精麻から麻炭まで新しい商品開発や活用法を提案するJasmine Bodyworks の活動も活発だ。

また、三重県の伊勢神宮・外宮の外宮北御門《げぐうきたみかど》前に拠点を移した麻福も麻糸博覧会など独自の事業展開を進める。シュタイナー教育で素数を学習するために学習方法として始まった糸掛曼荼羅も麻糸と大麻の普及に一役買っている。鎌倉市のThe organic & Hemp Style Cafe & Bar 麻心ではヘンプクリートや麻と珪藻土、麻炭の内装などを見ることもできる。

恵比寿のヘンプカフェTOKYOなど、ヘンプを主軸に置いた飲食店も新しくでき始めた。栃木県鹿沼市の納屋カフェは大麻であふれている。静岡県には障害者のケアセンターでの活用としてオガラやオガラのチップ、麻炭などをふんだんに使用した作業所も誕生している。ヘンプオイルからはヘンプクレヨン、オガラからはヘンプストローなど新たな活用も進む。

伝統的なものからも新しい大麻アイテムが誕生している。例えば蚊帳。日本の蚊帳は、奈良時代初期に編纂された『播磨国風土記』の中で、応仁天皇が播磨の国を巡幸の際に蚊帳を使用して休憩した場所を「賀野の里（かやのさと）」と呼んだとあり、その時代以前から使われていたことがわかる。蚊帳は世界的には

mosquitonet（モスキートネット）であり、まさしく蚊除けに過ぎないが、日本においては聖俗あわせ持った使われ方をされてきた。

蚊帳も大麻も一番需要が伸びたのは戦争である。戦争とともに発展し、戦争の終了とともに衰退してきた。古くは弓、甲冑にはじまり裃、そしてロープ、土嚢、軍服。大麻は軍需品として時の権力者に栽培を奨励され製品化されることで生産性や品質を向上させ成長した歴史がある。

現在では大麻の蚊帳は mosquitonet ではなく、安眠を生み出す sleepingnet（スリーピングネット）であり、癒しを生み出す healingnet（ヒーリングネット）であり、平和を象徴する prayingnet（プレイングネット）、そして未来に向けた蚊帳は自然や大地、地球と繋がる earthnet（アースネット）にまで進化し昇華している。また、一時は日本の蚊帳の8割を製造販売していた奈良県奈良市の「ならまち」にある元蚊帳屋でもある「ならまち資料館」では、毎年夏に蚊帳展が開催され、麻と蚊帳の歴史を探ることができる。ならまちは蚊帳以前から伝統的な奈良晒《さら》しの産地としても栄え、全盛期であった江戸中期には住人の9割は奈良晒しに関係していたと言われるほどである。現在でもその面影を残し、蚊帳関連、麻関連の商店が残っている。この地域では、１８６３（文久３）年創業の岡井麻布商店、中川商店などが大麻の伝統に関心と理解を示し継承している。関係して月ヶ瀬奈良晒保存会も糸よりから布づくりまでの活動を継続している。

全国各地の大麻の見直しと継承の動きも盛んだ。広島県の古市《ふるいち》地区は、大麻加工の重要拠点だった。麻の茎の皮を釜ゆでして繊維にする「煮こぎ屋」と呼ばれる麻の加工工場が50軒以上あった有数の産地として明治から大正時代にかけて栄えた地域で、漁網用などとして西日本一帯に出荷していた。

そのような郷土史に光を当てようと２０１２年に古市周辺の９人からスタートしたのが「麻の古市を伝える会」だ。かつて使われていた桶や麻糸などの収集や聞書などを進め、古市公民館での展示や小学校での教育活動を進めている。その動きは広島県立歴史博物館も連動、企画展なども行われた。

富山の西部・砺波地方で大麻を栽培し織られていた「福光麻布」。なかでも麻問屋舟岡商店福光麻布は、極上の品質で知られ、昭和天皇の大喪の礼では舟岡商店の大麻布で古装束がつくられた。舟岡商店は2000年に原材料確保が厳しくなり閉店を余儀なくされているが、2015年に福光麻布の会が発足、福光麻布の歴史と伝統の見直しと再構築を目指している。滋賀県では「滋賀の麻畑を支える会」による七味唐辛子づくりなども継続的に行われている。他にも岩手県、宮城県、岐阜県、宮崎県とさまざまな場所で大麻は動き始めている。

文化庁も「国宝や重要文化財などの文化財建造物を修理し、後世に伝えていくためには、木材や檜皮、茅、漆などの資材の確保と、これらの資材に関する技能者を育成することが必要」として、「ふるさと文化財の森」の1つとして「鹿沼野州麻畑【苧殻】（栃木県鹿沼市）」を設定して重要伝統的建造物群保存地区下郷町大内宿の保全に努めるなど、平成18年度よりすでに動き出している。大麻は古くて新しい素材として古きを守り新しきを生み出す素材として必要とされている。

世界の大麻ビジネスと大麻関連株

2019年現在、大麻規制の緩和にともない、カナダやアメリカを中心に大麻

◆麻福

三重県伊勢市にある麻福の外宮参道店。伝統的な素材から最新の麻アイテムまで揃う大麻のポップアップ店舗。

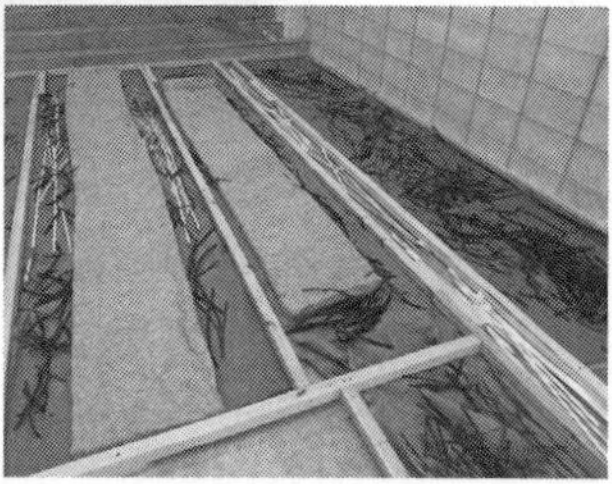

外宮北御門前の本社は麻炭クレープ紙、麻の断熱材、麻炭など麻の建材を敷き詰めた、ショールーム兼用の空間だ。

◆蚊帳

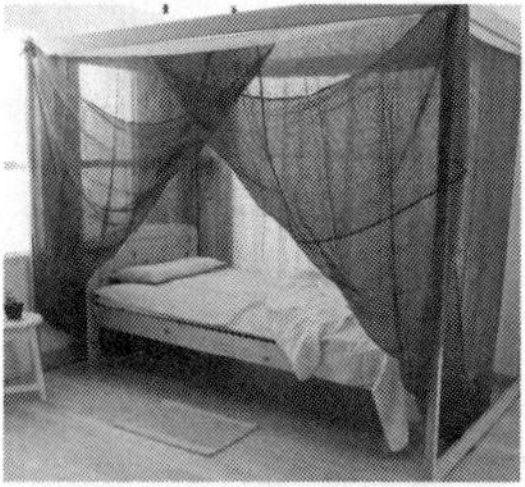

ヘンプ100%の蚊帳（Earth Net）。日本製ならではの高品質でヘンプのよさを活かした心地よい空間を作り出すと海外からの評価も高い。

◆麻クレヨン

クレヨン作家の 布弥（ふみ）さんが食用ヘンプオイルをベースに米糠蝋を使い、麻炭・うこん・ベンガラなどを顔料に10色以上のクレヨンを製作している。

関連ビジネスが急成長している。主な業種は食品や嗜好、医療関連である。この急激な成長は、かつての「ゴールドラッシュ」になぞらえて、「グリーンラッシュ」とも呼ばれている。特に2018年にカナダが大麻を全面合法化したことで、大麻関連銘柄が軒並み高騰した。同年5月にニューヨーク証券取引所に上場したばかりのカナダの医療用大麻製造会社キャノピー・グロースは、売上高に対する株式時価総額を示す指標であるPSRが150倍になった。そして、キャノピー・グロースの株を、米大手飲料メーカー・コンステレーションが4200億円をかけて大量に取得したことにより、大麻関連銘柄全体の株価が押し上げられた。

このような状況について『ウォールストリート・ジャーナル』は、「まるで1997年当時のインターネット銘柄のようだ」と評している。2019年現在のマーケットは、まるで1990年代のITバブルやビットコインなどの仮想通貨登場当時と同様な熱気に包まれている。

大手飲料メーカーは、THCやCBDを入れたビールや清涼飲料水の販売を準備しており、タバコ会社も大麻業界への参入を計画している。もちろん、医療関係も今後ますます隆盛を迎えるであろう。２０１８年12月にアメリカが産業大麻を合法と認めたことで、今後は金融機関も積極的に介入し、大麻ビジネスは益々規模が拡大していくと見られている。アメリカのワイン市場は約7兆円、タバコ市場は約9兆円、ビール市場は約13兆円と言われている。一方、現在の大麻市場は約5兆円と言われている。今後、各国の合法化が進むことで、２０３２年には大麻は、世界規模で22兆円規の市場に成長するという予測もある。

スリランカ在住で大麻株式に詳しい米国株専門投資家の中村真一氏は言う。

「日本とアメリカとの株式投資のルールを比較すると、アメリカのほうが断然、個人投資家に有利ですので、日本の個人のこれからの経済状況、貯蓄率、老後の年金を考えると、個人の経済防衛のために日本で年金を払うより、毎月少額でも積み立て大麻株式投資などを行い、英語の勉強も兼ねて世界の最新大麻技術ニュースを取得し、夢と個人の実益を得るのもいいのではないかと考えます。

株式投資で重要な〝時間を味方にする〟という基本を考えると、特に大麻産業への投資を若い人にすすめたいですね。しかしながら、ジム・クレイマー（注）

が番組にて豪語しているように、〝米国の50歳以下の国民はこれからの大麻産業に投資するべきだ〟というのも日本の年配の方々に希望と夢を与えますね。そんな中で、個人の投資利益を大麻合法化のグループにパーセント還元して、活動費に充てるなどするのもいいと思います」

２０１８年から始まった大麻合法化の波にのって、大麻関連ビジネスは今後も成長を続けていくと見られている。（注：ジム・クレイマー＝ヘッジファンドマネージャーを経て、米テレビ局ＣＮＢＣの人気投資情報番組『Mad Money』司会者）

北海道の動きから日本の未来を考える

北海道は、明治維新から戦前まで最も近代的な大麻産業が行われてきた土地であった。しかし、戦後に大麻取締法ができると、その規模は急激に縮小していった。２０００年代に入ると、産業クラスターオホーツク麻プロジェクトの舟山秀太郎代表を中心とした人々の努力により、２００８年に北海道北見市が日本初の「産業用大麻特区」に認定された。また、２００５年から２００８年には、道立北見農業試験場が産業用大麻の試験栽培に取り組んでいる。

そして2011年には、前述のヘンプカー・プロジェクトが北海道内4100キロを走行し、18カ所で一般の方に加え、農家や研究者などが勉強会や署名活動に参加し、北海道庁に対して産業大麻の復活と有効活用を訴えた。さらに2014年から2015年には、東川町で試験栽培が実施され、専門家による実験や商品開発などの研究が行われた。

現在、これらの活動を牽引しているのが、一般社団法人北海道ヘンプ協会代表理事で農学博士の菊地治己氏である。菊地氏は、北海道立上川農業試験場の元場長であり、「きらら397」「ななつぼし」「ゆめぴりか」など道産米の品種改良に尽力してきた。そして、2003年に産業クラスターオホーツク麻プロジェクトを通して大麻の可能性を知ると、北海道での大麻産業の実現に向けて動き出し、現在に至っている。菊地氏らは、大麻を北海道の次期主要農作物として位置づけ、活動を行っている。

アジアと日本を大麻で繋ぐ

北海道ヘンプ協会は、ＥＩＨＡ（ヨーロッパ産業用大麻協会）の準会員であり、ドイツやフランスなど海外への視察を定期的に行いながら、世界の現状を研究し交流を深めている。その中で注目すべきは、中国黒竜江省との交流であろう。

中国は世界最大の産業大麻の生産国であり、中でも黒竜江省は２０１７年の栽培面積が２万８０００ヘクタールと、中国国内の60％を占める国内最大の面積を誇り、雲南省とともに産業大麻の栽培が盛んな地域である。

２０１８年、北海道ヘンプ協会は、中国黒竜江省科学院大慶分院と科学技術協力協定を結んだ。協定に基づいて２０１９年10月に Asacon 2019（旭川ヘンプ国際会議）を開催する。今後は、産業大麻の育種や総合利用を基盤に、関連する研究活動を続け、遺伝資源の交換を行いながら、中国や日本のみならず、東南アジアの市場に適した新製品の開発などの実現を目指している。

現在、東南アジアでは急速に大麻合法化が進んでいる。世界最大の産業大麻生産国である中国。そして、ロシアも産業大麻の生産を行っている。モンゴルも準備中だ。韓国や北朝鮮も大麻産業に向かって動き出すであろう。日本はその時に向けて、必要な技術と種の確保が重要課題である。北海道と黒竜江省の交流は、その流れに繋がる大きな懸け橋になるのではないだろうか。

◆日本と中国の大麻の懸け橋

2018年、北海道ヘンプ協会と中国黒竜江省科学院大慶分院との協定が締結された。 北海道ヘンプ協会

野生大麻の再利用を考える

北海道では、１９６５年に野生大麻の調査を実施してから、毎年各地で抜き取りによる駆除作業を行っている。１９８３年の８５０万本をピークに、近年では１００万本前後がその対象となっている。これらの大麻は、明治政府が主導して広められた大麻産業の名残である。野生化した大麻は、毎年駆除され続けながらも、年間１００万本前後

も繁殖しているところをみると、これらの大麻がいかに北海道の気候や土に合っているかということがわかる。

何の手もかけずに、これだけの資源が生まれてくると考えると、何とかこれを有効利用する方法はないのだろうかと考えるのは自然の発想だろう。北海道の地域活性化を研究している方々も、当初はそのように考えたようだ。しかし、北海道庁の見解は、野生大麻の利用は考えられないというものだった。もともと戦後の大麻は国によって管理されているものであり、野生の大麻などというものは存在していないことになっているというのが、その理由だ。

１９４５年にＧＨＱは、現在栽培している大麻の地域と本数を報告せよとの命令を下した。それに対して日本政府は、「大麻を禁止せよという指導がＧＨＱにより出された以降は、違法な大麻の作付けを行ってはいない。したがって、この国には管理されていない大麻は存在しない」との見解を示した。このような経緯があるため、日本には産業や医療目的に使用できる野生大麻は、存在してはいけないことになっている。しかし、実際には明治開拓以降に放置されていった大麻草が、年々100万本以上野生化しているのである。それらは、70年以上北海道の土地と環境に根付いた、北海道の大麻と言っていいだろう。

大麻を規制していった経緯をもう一度見直し、現在、日本中に生えている野生大麻を有効利用することはできないのだろうか。

北海道立衛生研究所のレポートによると、地域や時期によって異なるが、北海道の野生大麻に含まれるカンナビノイド成分の濃度は、THCが0・1~5・73%、CBDは0・04~0・49%、CBNは0・05~0・48%であった。

前述の菊地氏によると、現在、世界で広く栽培されている産業用大麻であるCBDA種はヨーロッパ種が中心であるが、たった3つの品種系統に限定されているため、今後の育種に対する懸念事項でもあるという。

北海道の風土に適した野生大麻の種を調べ、遺伝資源として管理、育種をすることで、日本独自の大麻品種をつくり活用することは、今後の日本の大麻産業にとって大変有意義であろう。

北海道開拓と大麻産業

大麻繊維による織物は、江戸時代までは武家の裃や装束などを中心に多くの需要が見込まれ、各藩は国産役所を設け生産者を支援しながら品質を向上させ、生産量を上げていた。これにより、全国各地に優れた大麻製品が特産品として誕生した。美濃布、木曾麻、岡地苧、鹿沼麻（野州麻）、雫石麻、上州苧などは有名である。

大麻繊維は、布だけではなく畳表の縦糸や下駄の鼻緒や蚊帳、漁網や釣り糸、物干し綱や襷《たすき》、あるいは出産時にへその緒を結ぶためにも使用されてきた。麻布を藍《あい》で染めた衣服は江戸時代の必需品であり、大麻繊維の需要だけではなく徳島を中心に染料としての藍も大量に生産された。

明治維新後、日本は「脱亜入欧」「富国強兵」をスローガンとした政策を急ピッチで進めていく。その中でも繊維産業は、イギリスなどの産業革命の主役だった産業であり、明治政府も力を入れていく。そして、その中心に据えたのが、蚕による製糸産業であり、シルクの輸出であった。

その一方で明治政府は、北海道開拓にも力を入れていく。1873（明治6）年頃、明治政府は北海道における事業を、政府歳入の財源とするためのものへとシフトしていく。北海道に適した農作物として、小麦、養蚕製糸、大麻、亜麻、大麦によるビールやブドウによるワインづくりが奨励された。

明治7年には、榎本武揚駐露公使が北海道開拓使長官の黒田清隆宛に、繊維採取のための亜麻の種を送り、試作を行ったのが始まりとされている。しかし、当時は欧州で盛んな亜麻からの紡績は日本では馴染みも薄く、亜麻と並行して大麻も植えられていった。

クラーク博士を招いて設立された札幌農園学校や官園と呼ばれる農事試験場では開拓技術者の養成と西洋式農法の導入が進められていった。大麦からビールをつくり、甜菜から砂糖をつくるとともに、大麻や亜麻から繊維をつくる官営事業が推し進められていく。

特に大麻や亜麻から採る繊維は、軍服や警官の制服、軍艦の舫ロープなど軍需物資にとって大変重要な農作物として国家レベルで研究されていた。明治20年には北海道製麻株式会社が設立され、採織用ムーラン機30台と大麻破砕機5台、亜麻茎を浸潤する浸水池を備えた工場なども操業を開始した。北海道製麻は、その後、安田善次郎、大倉喜八郎、渋沢栄一などの日本財界人によって帝国製麻株式会社となり、麻織維産業は、日本の軍需産業の中心を担っていく。そして、麻織維産業は日清、日露戦争や2つの世界大戦による軍需景気によって大いに隆盛を博する。

しかし、戦後の石油化学繊維の登場と、先述のアメリカによる占領政策によって、その実態を消していく。

日本では、産業大麻も禁止されてしまった

2019年現在、日本において大麻は、「大麻取締法」という法律によってその取扱いを厳しく制限されている。

大麻取締法は、1948年（昭和23年）に正式に施行され現在に至っているが、

この法律が成立する以前には大麻を取り扱うことには何の罰則もなかった。そればかりか、大麻は優良な農作物として国が奨励し、全国各地で生産されていたのである。遥か縄文時代に遡ると言われる日本の大麻の生産は、第二次大戦前までは稲と並んで重要な位置を占めていた。

また、大麻取締法が制定された時点では、日本では一般的に大麻を吸引する習慣はなく、虫除けのために葉を燃やして屋内を燻したり、きこりや麻農家の人々が煙草の代用品として使用する程度のものであった。世界のさまざまな宗教で行われてきた精神変容のための大麻の吸引は、日本でも一部の山岳信仰や密教の中で行われていたが、法律で取り締まられるような犯罪意識はまったくなかった。「印度大麻煙草」という名で販売されていた大麻は、喘息の薬として一般の薬局でも買うことができた。それとともに一般家庭でも、自家栽培した大麻を民間薬として、ヨモギなどと同様に日常的に使用していた。

１９２５（大正14）年に批准された万国アヘン条約の中の「第二アヘン会議条約」によって、大麻は初めて、世界的に統制の対象となった。しかし、この時点の日本は、第二アヘン会議条約は印度大麻草などの薬用大麻を規制する条約だと認識しており、国内で栽培している大麻は、昔と変わらずに日本人の生活になくてはならない農作物の1つであった。ヨーロッパでも、この時点では各国で、昔と変わらない大麻畑の風景を見ることができた。

前述の通り、1930（昭和5）年、第二アヘン会議条約の批准にともない「麻薬取締規制」が制定された。しかし、この規制内容は、「印度大麻草、その樹脂、及びそれらを含有するもの」の輸出が内務大臣の許可制とされただけで、製造は届出制、販売はまったく自由であった。

全国で栽培されていた大麻は、その繊維を元に衣服をつくり、下駄の鼻緒の芯や畳の縦糸、蚊帳や漁網などにも使用されていた。繊維をとった後のオガラは、お盆の迎え火や送り火で燃やしたり、茅葺屋根の一部や土壁の素材としても使用された。さらに、大麻の種子である麻の実は粟や稗などと並んで五穀に数えられ、絞った油や灯油や食用などにも使われ、貧しい農村の命を支えてきた

化学繊維やプラスチックなども存在しなかったこの時代の大麻は、我々が想像

するよりも遥かに重要な農作物だったのである。

GHQ主導による新憲法で初めて禁止された日本の大麻

現在の取り締まりの元となった大きな転換期は、第二次大戦終戦にともなうポツダム宣言にあった。

1945（昭和20）年9月に受諾されたポツダム宣言により、日本では、連合国軍最高司令官の名でGHQ（連合国軍最高司令官総司令部）から出される覚書（メモランダム）と呼ばれる要求に応じて命令が下され、各分野で罰則もともなう原則が定められていった。いわゆる、「ポツダム省令」である。

この中に、大麻取締法へと繋がる省令がある。昭和20年11月24日の「麻薬原料植物の栽培、麻薬の製造、輸出及輸入等禁止に関する件」がそれである。

これは、万国アヘン条約で決められたものがベースとなった薬物規制であり、この条約の批准を望んでいたアメリカの意向が、戦後日本の法律の中にも強く求められた。厚生省が発令したこの省令は、麻薬の原料となる植物を栽培したり、原料を素に麻薬をつくったり、それらを輸出入してはならないという命令である。そして、この省令の中で言う麻薬とは、アヘン、コカイン、モルヒネ、ヂアセチルモルヒネ、印度大麻が挙げられている。また、これらの原料となる可能性のある植物や種子や化合物などをすべて対象としている。そして、これを違反した者には3年以下の懲役もしくは禁固、5000円以下の罰金が定められた。

◆GHQによるメモランダム

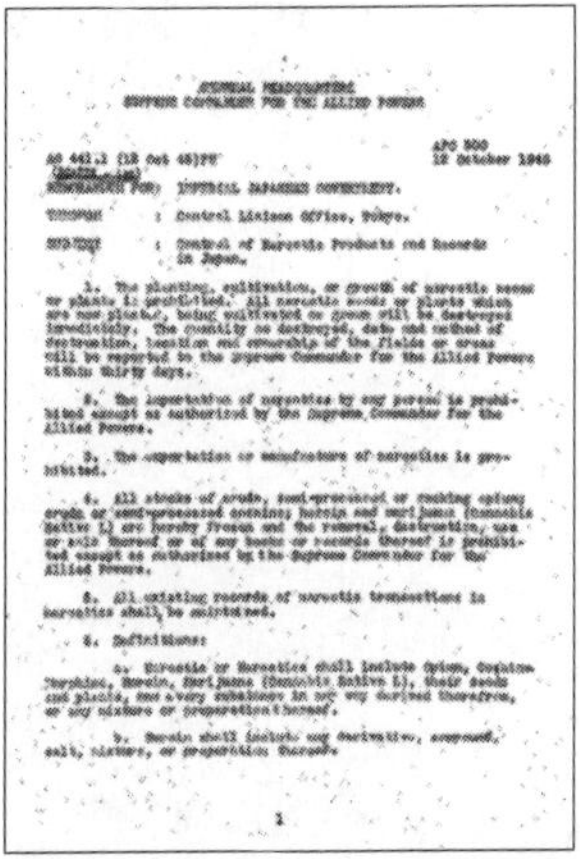

「ポツダム省令」とも呼ばれた連合軍命令により、日本の大麻農家は厳しく取り締まられていった。

日本の大麻産業は明治政府による殖産政策により全国で生産が奨励され、北海道開拓の大きな原動力となった。他の地域でも、武家社会の崩壊とともに落ち込んでいた大麻の需要が、日清、日露戦争によって急激に伸びていった。

大麻繊維は、その丈夫さと通気性のよさから、軍服やロープ、その他多くの軍需物資の原料となる。第一次大戦では、欧州連合軍へ、帆布や舫《もやい》ロープに加工した大麻製品を輸出している。そしてもちろん第二次大戦中にも、日本政府の主導によって大麻増産の指示があり、各県の大麻農家は作付面積を増やして生産にあたった。その結果、日本の大麻農業や大麻産業は、それに携わってきた多くの国民にとって、大変重要な位置を占めていたのである。そのため、長野県や栃木県などの日本を代表する大麻農家や県の役人たちは、この規制案に大いに驚き、憤慨し、そして抗議した。

実際に長野県の大麻生産関係者は大麻の思い出として、こんな文章を残している。「終戦後マッカーサーの命令にて〝大麻栽培禁止令〟が出た時は県庁特産課よりの電話召集にてゲートルにジャンパーといういでたち、生産者代表として指令部への陳情隊に加わり『本県の大麻栽培は冬期間の労力消化を兼ねての農家の現金収入の主幹であり、〝寒晒畳糸縫糸〟製造の原料生産であって、麻薬製造等夢にも知らない事である。これを禁止されるならば生産農家の経済は破綻する。是非共栽培の継続を許可して頂きたい』と通訳付きにて陳情し（略）」（長野県大麻協会

『大麻のあゆみ』より）

　全国各地の大麻生産関係者や県庁特産課をはじめとする役人たちは、何とか大麻産業を残さなければと、さまざまな働きかけを行っていった。一方、ＧＨＱ側は、１９４５年10月12日のアレン大佐名のメモランダムの遂行を徹底するよう日本政府に強く指令を出していく。１９４６年３月21日には、「日本における麻薬製品及び記録の管理」というメモランダムを発行する。その内容は、アレン大佐のメモランダムの中に記載されてあった以下の一文に対してのものである。

「現在植付られ、栽培せられ居る此等のものは直ちに除去すべし、且つ除去せられし量、日時、方法、場所、土地の所有権を連合国軍最高司令部へ三十日以内に届出づべし」

　これに対して日本政府は、「本禁止は播種時期の前に公表され、したがっていかなる植物の除去も必要なかった」とＧＨＱに報告している。

　あくまでも農産物として捉えている日本人に対して、ＧＨＱが強く要求したのは、大麻を麻薬として徹底的に管理せよというものだった。一方、日本の官僚たちは、大麻は除去する必要はないとして、あの手この手の文章の解釈や答弁で、ＧＨＱのメモランダムをかわしていった。日本の官僚たちが、何とか大麻農家を守ろうとしている姿がありありと目に浮かぶ。

その後、１９４６（昭和21）年11月22日には「日本に於ける大麻の栽培の申請に関する件」覚書により、全面禁止ではなく申請することにより栽培を継続する道が開けてきた。そして、１９４７（昭和22）年2月11日の「繊維を採取する目的による大麻の栽培に関する件」という覚書では、現在の免許制度の原型ができ上がる。この規則には煩雑な登録・栽培管理・収穫報告などの手続きが付きまとい、その上、栽培地域や面積、就労人口までもが厳しく定められた。

具体的には、栽培面積は日本全体で５０００ヘクタールを超えてはならず、当初は栽培地区として限定された地区は、青森、岩手、福島、栃木、群馬、新潟、長野、島根、広島、熊本、大分、宮崎の12県のみ、人員も全県あわせて3万人のみという厳しい数量規制が課せられた。それとともに、大麻から製造された薬品を、医療目的も含めて、使用することもその行為を受けることも制限された。

1947（昭和22）年4月23日、それまでのGHQの指令に基づく国内規定を整備する「大麻取締規則」が発布される。この時点で、GHQからの要求に対する日本の抵抗も、1つの決着を迎えた感がある。

「大麻取締規制」をベースとした「大麻取締法」は、厚生委員会並びに衆参両院本会議において大した議論もなく可決され、1948（昭和23）年7月10日に施行された。戦後のさまざまな占領政策の1つとして、大麻産業は日本人の希望も叶わず、その未来を狭められていったのである。

1950（昭和25）年、翌年に控えていたサンフランシスコ平和条約の締結に先立ち、占領法制の再検討と新たな戦後のあり方について、国会で議論された。大麻取締法も、多くの大麻生産農家や関係者からの見直しを希望する声に押され、衆議院厚生委員会にて麻薬取締法と大麻生産のあり方について議論されている。

この年に開かれた第7回通常国会衆議院厚生委員会の議事録を見ると、大麻が麻薬として取り扱われることになったことによる取り締る側の戸惑いと、大麻に頼って生きてきた生産農家の苦悩が見えてくる。

この委員会では、麻薬取締りを行う係官の所属場所を統一し、取り締まりをより強化するための改正法案の審議が行われていた。麻薬及び大麻を取り締まる厚生技官（薬務局麻薬課長）と農産物としての大麻を管理する農林技官（農政局特産課長）が出席し、政治家たちと質疑を行っているのだが、この中で一貫して憂慮されている点は、「いかにして農産物としての大麻を守っていくべきか」ということであった。議事録を数箇所抜粋してみよう。

まず、厚生技官（薬務局麻薬課長）の説明である。

〈第7回国会　衆議院厚生委員会議事録〉（抜粋、原文通り）

里見説明員（略）それから大麻の取締法を制定したことでありますが、これは先ほど申し上げましたように、日本においては、終戦前までは大麻について何らの取締規則もなかつたのでありますが、メモランダムが出まして、この大麻の取締りを行うことになりまして、もともと麻薬をとります大麻インド大麻というようなものは、国際的に麻薬ときまつておりまして、これは取締りをしなければならない義務を持つております。ただ日本にありました大麻がそれに該当するかしないかということが、これまでわからなかつたわけであります。それがたまたま調査の結果、これが当然該当するということになつた関係で、これは麻薬の原料、薬物として取締りを行わなければならない国際條件の関係もあり、それを履行する義務を日本が負つております関係で、これは将来とも取締るべきものと考えられます。世界の各国を見ますと、やはり大麻をそのまま禁止している国も多くあります。フイリツピンあるいは南鮮、日本等は繊維関係によりまして、大麻の栽培を許可されておるわけであります。もちろん、われわれとしましても、十分にこの大麻が繊維資源として重要であることはわかつておりますので、総司令部の方に懇請いたしまして、麻の資源として必要であります関係で、この生産を認めてもらうことになりまして、現在五千町歩の範囲内で、かつ人員も三万人と押えられておるのであります。実際問題としましては、三万人以上でありますが、それは何人か一かたまりでもつて一人の代表者を出して、そうして栽培させておるというような実情でやつておるわけであります。

——一方、各議員は、大麻取締法によって起こるさまざまな障害について懸念を覚えている。大麻を厳しく管理統制するために発生する多くの手間や煩雑な手続きに対して、切実に大麻栽培の存続を願っている山間部の農村などは、果たして機敏に対応することができるのか。そんなことを心配しているのである。

苅田委員 そうしますと、大体今の御説明でわかりますように、大麻というものは、相当零細な農家が自家用につくつていたところがたくさんあるわけですが、これが今度の統制によりまして、規約の変更によわ非常にめんどうな手続をしなければこれがもらえないというようなことになれば、そういつた零細な反別を持つてやつておる人たちが、今度どうしても落ちて来るというようなことが当然考えられるわけですけれども、こういうものに対して農林省の立場として、そうした百姓の人たちの農家経済を維持する面から、この大麻の生産に対しましては、こういうような対策をお考えになつておるか。その点についてお伺いいたしたいと思います。

徳安説明員　大麻の取締りの問題でございますが、農林省といたしましては、大麻の取締りにつきましては、この際強化されるということは承つておりませんし、従来通りというふうに了承いたしております。

――大麻農業の窓口である農政局特産課長、徳安説明員の答弁であるが、この時点ではこれ以上の強化はないとしている。しかし、結果的にはこの後も麻薬としての大麻取締りは強化され続け、現在のような状況になっていくのである。

大石（武）委員　（略）私の地方では、大麻をつくつて、げたの緒どころじやない。衣料を買えない農家が衣料にしておるのが非常に多い。これは地方にとつてはぜひ必要なものであつて、この作付を制限したり、監督を厳重にしたりすることによつて、地方におけるそういう実情を無税し、あるいは農家の自己消費を非常に困難ならしめるというようなことがあつてはならない。もちろん農家は、余裕があるならば、そういう需要は他の方法によつて満たすことができるはずであるけれども、現在の農家は事実上、経費の関係からそういうことは不可能になつておる。それほどに零細化され、貧困化されておる農家が、衣料の点で、最後の線としてそういうことを要求しており、それが古来の習俗にさえもなつておる際に、これを法制的に禁止するというやり方は、われわれ反対しなければならぬと思うのです。聞くところによれば、あなたも言われたように、メモランダムが来たからということであるが、われわれはメモランダムによつて政治を行うべきではなくて、日本の実情に即して、また日本の大部分の人々の要望に即した政治を行わなければならぬのであつて、われわれは、やはり正しいことは堂々と、メモランダムいかんにかかわらず、国会の権威においてこれを決定して行くという習慣をつけなければいかぬと思うのです。そういう実情にあるときに、法制のきめ方、たとえば、技術的には私よく知りませんが、収穫をしてその大麻を、麻薬になる部分だけについてどうするとか、こういうふうな制限を付するというようなやり方で、作付については自由にするとか、地方の状況に応じた形をとるというようような方法はとり得るはずだと思はれるので、そういう点も考えられてはどうか。御意見を聞きます。

――現在の自分たちの状況と重ね合わせて、ハッとしてしまうような発言である。この政策によって、本来、自給自足を行っていた日本の農村でも、多くの衣類や石油製品を、現金で購入するシステムへと転換せざるを得なくなっていった。

金子委員（略）大体日本の農業が共同耕作を基礎にしてやっておれば別として、この麻は屋敷わきの風の当らぬところに農家がまくと、一年中繊維に対する現金支出をしなくてもいい。そういう関係でつくられておるのであるから、大麻の専門家に聞きましても、日本で大麻の葉から麻薬をとつた例もなければ、そういうこと自体すら知らなかつた。それを寝ておる子を覚ますようになつて、実害はないと思いますが、取締上1つの部落なり町村の責任者の名において、この部落においてこれ以上つくつておらないということと、責任者の名がはつきりしておつたら、それで許可したらどうか。（略）

堤委員（略）従来大麻の栽培は何ら麻薬として実害をもたらさなかつたのでありますから、むしろこうした事情をしんしやくして、貧農が麻繊維の小規模な自給を行う場合、実情に即した親切な措置を講じて、かつこれを下部に徹底せしむるようにしていただきたいと思います。

——大麻農家や産業をこれほどまでに保護しようと議論した背景には、大麻の有益性や大麻産業の優良性が要因であるのは間違いないが、それよりも注目すべきは、この時点では大麻を麻薬として使用している者は存在しなかったという点である。そのため、大麻取締法は、大麻を規制する社会的必要性がまったくなかったため、立法目的が明記されていないという、法律としては異例の形がとられ、現在に至っている。

当時の内閣法務局長官であった林修三氏は、その考えは過ちだったとしながらも、以下の回想録を残している。

「このマリファナたばこの麻薬的作用はカンナビノールという成分によるものだそうであるが、その原料になるものは大麻草（カンナビス、サティバ、エル）である。大麻草といえば、わが国では戦前から麻繊維をとるために栽培されていたもので、これが麻薬の原料になるなどということは少なくとも一般には知られていなかったようである。したがって、終戦後、わが国が占領下に置かれている当時、占領軍当局の指示で、大麻の栽培を制限するための法律を作れといわれたときは、私どもは、正直のところ異様な感じを受けたのである。先方は、黒人の兵隊などが大麻から作った麻薬を好むので、ということであったが、私どもは、なにかのまちがいではないかとすら思ったものである。大麻の「麻」と麻薬の「麻」がたまたま同じ字なのでまちがえられたのかも知れないなどという冗談まで飛ばしていたのである。私たち素人がそう思ったばかりでなく、厚生省の当局者も、わが国の大麻は、従来から国際的に麻薬植物扱いされていたインド大麻とは毒性がちがうといって、その必要性にやや首をかしげていたようである。従前から大麻を栽培してきた農民は、もちろん大反対であった。

しかし、占領中のことであるから、そういう疑問や反対がとおるわけもなく、まず、ポツダム命令として、「大麻取締規則」（昭和二二年　厚生省・農林省令第一号）が制定され、次いで、昭和二三年に、国会の議決を経た法律として大麻取締法が制定公布された。この法律によって、繊維または種子の採取を目的として大麻の栽培をする者、そういう大麻を使用する者は、いずれも、都道府県知事の免許を受けなければならないことになり、また、大麻から製造された薬品を施用することも、その施用を受けることも制限されることになった。

こういういきさつがあるので、平和条約が発効して占領が終了したあと、昭和二七年から二九年にかけて、占領法制の再検討、行政事務の整理簡素化という趣旨で、大規模な法令整理が考えられたときには、この大麻取締法の廃止（少なくとも、大麻草の栽培の免許制などの廃止）ということが相当の優先順位でとりあげられたのであり、私ども当時の法制局の当局者は、しきりに、それを推進したのである。厚生省の当局も、さっきも書いたように、国産の大麻は麻薬分が少ないことから整理の可能性を認めたのであるが、なお最後の踏切りがつかないというので、私どももそれ以上の主張はせず、この法律の廃止は見送られることになった」（『時の法令』１９６５年４月、通号５３０号より）

結果として、１９５３（昭和28）年の改正では種子を規制から除外し、大麻生産者に対する規制緩和を行う。しかしこの頃から、海外から輸入されるジュート繊維や化学繊維の急激な台頭により、大麻繊維産業は衰退していく。

その一方で、１９６１年に万国アヘン条約を引き継ぐかたちで締結された「１９６１年の麻薬に関する単一条約」によって、産業や園芸用以外の大麻栽培に対する規制は、アヘンやヘロインの原料であるケシ栽培と同等の規制に改定された。当時アメリカから始まったヒッピー・ムーブメントへの警戒も高まり、それに連動するように、1963年に行われた日本の大麻取締法も、禁固刑を主とした厳しいものとなった。

このように、日本の大麻取り締まりの歴史は、アメリカの強い影響を受けているのである。

大麻取締法と石油産業を巡る、ある疑問

アメリカ主導による大麻禁止の歴史を見てみると、ある疑問が浮かび上がる。アメリカは、なぜ大麻を第二アヘン会議条約の規制対象にするように呼びかけたのか。アメリカ連邦麻薬捜査局は、なぜ強硬に大麻取締のために働きかけていったのか。そして、連邦政府を含む多くのアメリカの公的機関の検査によって、大麻の安全性が実証されてきたにもかかわらず、なぜ大麻はヘロインなどと同じ危険度の麻薬として、規制され続けてきたのだろうか。

1990年代にアメリカの大麻規制の歴史を新たな視点から解き、大麻解禁運動に大きな影響を与えた作家ジャック・ヘラーは、著書『大麻草と文明』（原題・

The Emperor Wears No Clothes）の中でさまざまな文献資料を示しながら、1930年代の大麻禁止の主張には、もう1つの重要な意図があったと語っている。

アメリカが国際経済のイニシアティブを握るには、基盤となる産業の独占が必要だった。その産業とは、繊維産業である。羊毛や大麻や木綿の生産や紡績、加工品の販売、そして、その販売権の占有が莫大な利益を上げることは、イギリスの歴史を見れば明らかである。アメリカは、それらの原料に囚われない新たな繊維を開発し、独占しようとしていた。新しい繊維とは、石油を原料とするナイロンなどの化学繊維である。

19世紀末から20世紀前半にかけて、欧米では新たな繊維の開発に凌ぎを削っていた。イギリスやフランス、ドイツは、植物繊維であるセルロースを原料とした「レーヨン」などの人造絹糸を次々と発明していた。新しい特許を持ったそれら

◆大麻草と文明

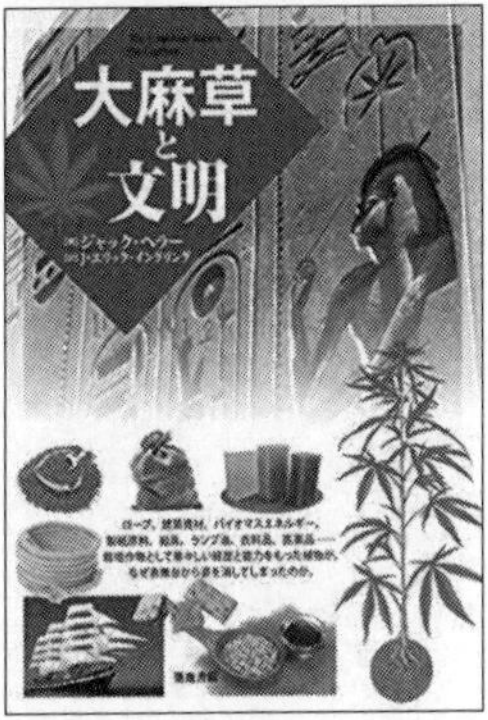

ジャック ヘラー著　J.エリック イングリング翻訳　築地書館

の新素材は、ヨーロッパのみならず日本などでも生産され、新たな国際マーケットを形成しつつあった。日本では1918年に、帝国人造絹糸（現在の帝人）がビスコース法（レーヨンの製造技術の1つ）による人造絹糸の生産を開始している。

アメリカとしては、それらの植物由来の繊維とはまったく異なった新繊維を開発する必要があった。そのため、アメリカ政府は産業資本家たちと協力しながら研究を重ね、1936年に化学会社のデュポン社が石油を原料とした新繊維である「ナイロン」の開発に成功した。そして20世紀後半に向けて、アメリカはナイロンと石油による経済覇権を目指したのである。大麻や木綿のように生産の手間がかからず、テキサスなどから採れる豊富な石油を原料にしたナイロンやプラスチックなどの石油化学製品は、新興国アメリカの科学技術の結晶だった。

その他にもデュポン社は、主に大麻などからつくられていた紙を、木材パルプを原料として製造する技術も開発していた。また1914年には、ゼネラルモーターズ（GM）に出資し、ピエール・S・デュポンが社長に就任している。そして、1919年から1931年の期間は、GMとは別に、デュポンでも自動車製作を行っていたのである。

このように20世紀初頭のアメリカのパワー・リーダーたちは、化学繊維や石油エネルギーを消費させる原油ビジネスを基幹産業とした国家体制を通して、世界覇権への構想を実行に移し始めたのである。

ジャック・ヘラーによると、石油繊維産業の発展のためには、その競合になる恐れのある大麻産業を取り除く必要があったと説いている。

大麻から取れる質が高く豊富なセルロースからは、石油製品同様にさまざまな製品をつくり出すことが可能である。大麻繊維産業だけではなく、大麻によるセルロースを使った人造絹糸やセルロイド等を改良していくことにより、石油産業と同じ市場を奪い合うことになることは明白だった。

しかし、自国の大麻産業を真正面から潰していくことのできないアメリカ政府は、麻薬として批判され始めていた大麻に対する社会状況を利用して、毒性の強い物質として大麻を取り締まることにより、大麻産業そのものを消滅させようと企てたというわけだ。

今までアメリカが行ってきた石油産業を主軸とした世界戦略は、その初動の時期にアメリカ政府と産業資本家が深く関与し、大麻産業がその犠牲となったというジャック・ヘラーの説は、現在も多くの大麻肯定派に支持されている。

第5章

日本の中の大麻文化

古代日本人と大麻

日本で大麻を衣服や釣り糸や食用として使用した痕跡は、縄文時代に遡る。福井県の鳥浜遺跡からは1万年前の大麻の種が発掘されている。これは、大麻の種を食用として用いていたということを物語っている。さらに、炭化した種の痕跡が発掘されたということは、大麻の茎や花穂などを燃料として燃やしていたという可能性もある。1万年以上も大麻と付き合う中で、その利用方法は近代までの私たちと変わらぬものだったととらえるのが自然だろう。また、大麻でつくられた縄も発掘されている。これは、大麻でつくられた遺物としては世界最古のものである。縄文土器は、縄文原体という短い縄の道具でつくられるが、その多くが大麻を素材にしていたと思われる。

沖縄の旧石器時代のサキタリ洞遺跡からは、2万3000年前の釣り針が発掘されている。証拠は出ていないが、当時使用していた釣り糸は、大麻繊維ではないかと思われる。古くから、大麻繊維は釣り糸や漁網の素材として使われてきた。

その理由は、強度が強く、水に強いことにある。それとともに、３メートルから7メートル近く育つ大麻の茎からは、長い繊維が採れる。そのため、釣り糸などの強度を求められる長い糸には最適だったのだろう。３万年前に海から渡ってきた人たちが使っていた船にも、大麻のロープが使われていた可能性が高い。

多くは推測の域を出ないが、１つひとつの発掘されたものや事例を繋ぎ合わせると、古代人と大麻の関係が見えてくる。大麻は、縄文時代を越えて、旧石器時代から、日本人になくてはならないものだったのだろう。

◆福井県、鳥浜遺跡から出土した縄文時代前期の大麻の繊維

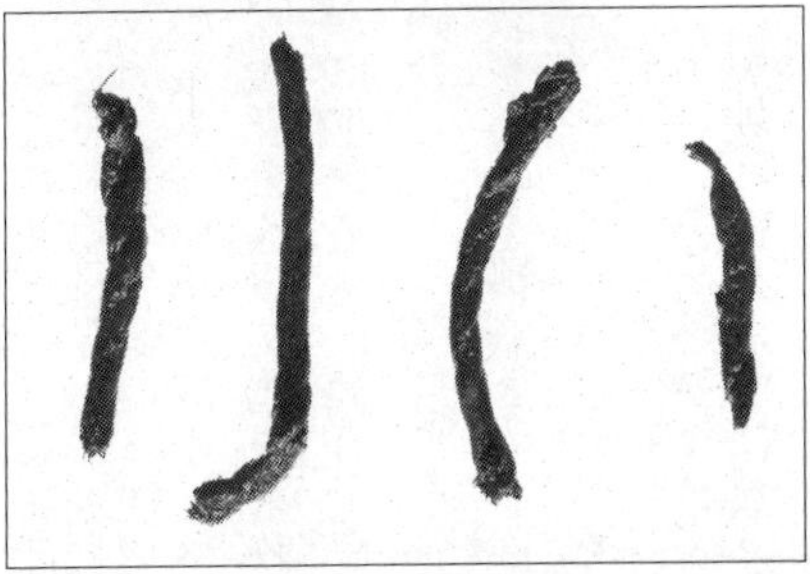

かつて中央アジア原産の大麻は、弥生時代から古墳時代にかけて機織り技術の渡来とともに日本に持ち込まれたものと考えられていた。その常識を覆した遺跡が鳥浜貝塚で、縄文時代草創期の大麻の縄も出土している。
大麻博物館

海を越えてきた大麻

大麻草は、１万２０００年前には原

産地である中央アジアで繊維や穀物として栽培され、急速にその範囲を広げていった。日本の大麻は、縄文時代以前に北方や大陸から持ち込まれたと思われる。

その後も、騎馬民族やイヌイットや朝鮮半島の人々との幾重にもわたる交流の中で、大麻を巡る文化や宗教観が伝えられていった。それらの中には、騎馬民族のように宗教儀礼に大麻を取り入れた民族もおり、彼らの宗教はやがて土着の宗教と融合していったと考えられる。

密教や製鉄を得意とする部族の宗教や山岳宗教の中には、大麻にも縁の深いものがあり、護摩焚きなどの際には大麻樹脂や大麻そのものを燃やす場合があったと言われている。製鉄技術を持つ民たちの中には「タタラ」と呼ばれる人々がいた。彼らは製鉄技術だけではなく、鉱物資源や薬草などの知識も豊富だった。タタラは、ヒッタイト民族の血を引く大陸からやって来た人々である。鉄《テツ》の語源は、タタラ、タタール、韃靼《ダッタン》であり、彼らは騎馬民族の末裔である。ちなみにトルコという国名もタタラやテツと同じ言語の延長線上にある。

南方の海のルートからやって来た人々は、稲作と大麻栽培についても高度な技術を持っていた。彼らは、朝鮮半島とのかかわりも深いが、そのルーツはマレー半島やインドネシアやポリネシアにも通ずる海洋民族であった。中国南部に栄えた長江文明や雲南省や四川省に住むミャオ族などの少数民族との共通性も指摘されている。

遥かメソポタミアの地に住んでいたシュメール人との繋がりを指摘する説も存在する。彼らは、船を操り太陽を信仰の対象とし、稲と大麻を依り代としていた。鉄の古語は、「サヒ」、「サビ」、「サナ」と呼ばれ、熊襲の「ソ」や高千穂の添山峰《そほりのやま》、韓国のソウルという地名とも関連があると言われている。また彼らは、最新の製鉄技術も身につけていた。大麻は古代朝鮮語では「ソ」と呼ばれており、もともと鉄の産地だったためにつけられた「ソ」のつく土地が、いつしか「麻」を意味する「ソ」に入れ替わっていったという事例もある。

彼らは製鉄技術のほかにも、さまざまな高度な工業技術を持っていた。その1つに織物技術もあった。弥生時代の遺跡から出土する植物繊維素材には大麻の素材も多い。そして、これらの麻布を紡ぎ出したのが、彼らの技術だったのである。

◆農作物としての大麻に関するバイブル『大麻の研究』

『大麻の研究』昭和12年（1937年）9月20日発行
発行所　長谷川唯一郎商店
著者　長谷川栄一郎・新里宝三

冒頭から当時の陸軍大将、海軍大将、農林大臣の揮毫が掲載され、日本にとって大麻が極めて重要な農作物であったことが強く印象づけられる。序文は当時の商工大臣（現在の経済産業省）吉野信次から送られ、明治以降海外から輸入される麻類によって大麻の生産が減ってきていることを強く危惧しつつ「他に代用し得ざる長所を有す」と日本の大麻農業の優位性が語られている。植物学的な大麻から農作物、歴史、信仰、民俗、文学など幅広く、当時の大麻の取引も掲載されている名著。

◆古記録に残る大麻の産地

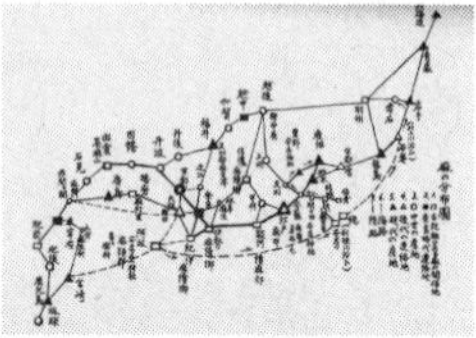

『大麻の研究』に掲載された大麻産地。大麻栽培の記録が少ないことから、この絵図は極めて貴重なものである。

◆明治時代の大麻農業を描いた「麻営業図」

明治25年、光信という名の絵師により描かれた当時の大麻農業の様子。最後の絵図には「開闢以来未此図ヲ画書タル者之予初而画」と墨書され、日本国ができてから大麻農業の絵を描いたのは自分が初であると誇っている。実際に大麻農業を記した江戸期の文献などあるものの、これほど克明に描かれたものは存在せず、極めて重要な文化遺産である。

◆かつての大麻の衣服や網

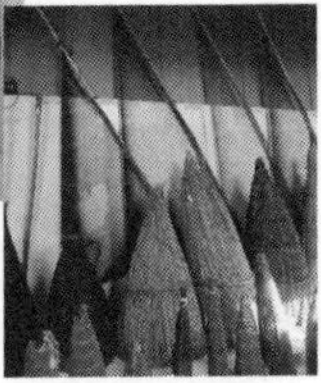

福島県奥会津博物館南郷館の展示物。大麻の衣服は、他の素材に比べると身近な普段着や作業着であったことから保存されることなく、今に伝わるものは数少なくなっている。この地域一帯は明治以降、それまで以上に衣服が綿に変わるなかで、昭和に入っても大麻製の衣服の生産が行われていた。漁網や農機具に使われる麻も同様に明治以降は輸入された麻類に変わり、現代に大麻製の漁網が残っていることは稀である。奥会津博物館南郷館の展示物は、生活を支える大麻を現代に伝える貴重な遺物である。

◆大麻をモチーフにした学校の校章網

写真は栃木県の大麻栽培が行われている土地の小学校校章。真っ直ぐ曲がらず伸びる大麻の姿にあやかるため、栃木県以外の各地でも大麻が校章として使われていることが少なくない。岩手県では、廃校になってしまったが、大麻の葉と鳩の羽をモチーフにした中学校も存在していた。

◆菱川師宣『和国百女』

『和国百女』元禄8年　1695年発行
絵師は切手の見返り美人で知られる菱川師宣。最初の浮世絵師と言われ、『和国百女』は庶民の女たちの暮らしを描いた絵を集めたもの。その中の一枚に麻糸を績み、紡ぐ様子が描かれている。かつては糸宿と呼ばれ、糸づくりを行うための女たちの集会所があった。この絵はそんな女たちの生き生きとした姿が描かれている。

P276～277写真／大麻博物館

大麻と深い関係を持つ氏族・忌部氏

古代天皇一族と深い縁を持つ者の中に忌部氏という氏族がいた。彼らは、大麻と深いかかわりを持っている氏族である。

古代の忌部氏は中臣氏とともに、天皇家の祭事を取り仕切っていた。忌部は祭祀の空間や祭具をつくり、支度をする祭祀官だった。そして、中臣は神の声を人に伝え、人の声を神に伝える役割をしたシャーマン的な存在だった。祭祀官である忌部は、天皇家の祭祀関係をすべて取り仕切っていた。そのため、天皇が崩御された際や即位の際にどのように祭事を執り行っていくのかということも、忌部が形づくっていった。忌部氏は、祭祠官として国の祭祀を取り仕切っていたが、それらの儀式の中で使用する祭祀具の素材として、大麻はなくてはならないものだった。現在でも、結界を張る注連縄や、お祓いを行う大幣、神社の鈴緒《すずお》など、多くのものが大麻繊維でできている。これらの神具や神殿空間の作り方や設え方を熟知していたのが、忌部氏だったのである。

神道では「清浄」を重視しており、大麻は穢れを拭い去る力を持つ繊維とされている。祭りや祓えの神事のたびに捧げられる大麻や御幣は、人間が犯した罪や穢れを祓い清めてもらうための神の衣なのだ。大麻が捧げられ祭りや神事が行われることによって、神は大麻の衣に人間の罪や穢れを付着させて、浄化してくれるのである。そして、汗や汚れなどを吸収してくれる清らかな大麻繊維は、人間にとっても身体を清潔に保つだけではなく、病気や災いからも守ってくれると考えられている。

忌部氏は現在も存在する。徳島県美馬市木屋平にある三木家当主が忌部直系である。当代当主は、最古の記録の残っている鎌倉時代からでも28代目ということになる。

ところで、忌部という名は祭祀を行うにあたり、6世紀に天皇がつけたものである。忌部の「忌む」という字は「穢《けが》れを避けて、身を清め、慎む」という意味だ。つまり忌部とは、穢れを避けて、神聖な仕事に従事する産業技術集団ということを意味する。祭祀具や神殿空間などをつくるすぐれた手職を持った者たちと農民たちの集団、その集団を率いた祭祀族が忌部氏ということである。

勢力を広げていった忌部氏は日本各地を訪れ、大麻の繁殖を通して国づくりに寄与していった。彼らは、四国の阿波忌部氏や讃岐忌部氏、紀伊半島の紀伊忌部氏や房総半島の安房忌部氏などと呼ばれるようになり、各地に溶け込んでいく。現在でも、全国各地に忌部氏に縁のある地名が残っている。例えば、千葉県房総半島の「房総」とは大麻の房という意味であり、忌部氏はこの地を大麻を育てるのに適した土地として高く評価をしていた。また、安房と阿波は忌部氏の共通の土地を意味しており、同様に阿波、房総半島、紀伊には勝浦などの共通の地名も複数残っている。

践祚大嘗祭《せんそだいじょうさい》と麁服《あらたえ》

２０１９年、新天皇が即位されるにあたり、即位の礼として、複数の国家儀礼と皇室儀礼が行なわれる。その中でも、即位の礼後に、五穀豊穣を感謝し、継続を祈る一代一度の儀礼に践祚大嘗祭がある。

◆栃木の大麻畑を視察される昭和天皇

「天皇陛下行幸記念　昭和22年9月5日　国府村農協組合にて大麻製造御高覧」と、説明の書かれていた写真が栃木県栃木市国府町に残っていた。この前年、GHQは「本植物を絶滅せよ」と大麻絶滅命令を出している。国をあげて再三の折衝の結果、大麻という農作物は守られたが、まだ行く末が案じられる時期である。 大麻博物館

皇室儀礼の中でも秘儀である大嘗祭には、麁服《あらたえ》とよばれる大麻で織った布が重要な役目を果たす。古代から続く皇室にとって大麻は、大変重要な植物なのである。そして、この祭祀具を調進するのが、古代からの氏族である忌部氏《いんべし》である。

天皇が即位後、初めて行う新嘗祭《にいなめさい》を「大新嘗祭」と言い、略されて「大嘗祭」と言う。これは一代一度の大祭で皇位を継承する天皇家の秘儀として「皇位に対して神様から力をいただく儀式」である。祭場は別に設け、殿内の東側に悠紀殿《ゆきでん》、西側に主基殿《すきでん》を設け、儀式を行う。この祭祀具として欠かせないのが麁服である。麁服は、古来より阿波国忌部氏の織ったものを用いるということになっている。

大嘗祭は、天皇陛下即位礼正殿の儀の後に行われる。即位礼正殿の儀は即位を内外に宣言する儀式で、高御座が使用される。そして、即位礼の後の最初の新嘗祭の時に行う祭事が大嘗祭である。新嘗祭は毎年11月23日に行われ、神々を招き、天皇自身で神饌を差し上げる特別な儀式である。現在は勤労感謝の日として国民の祝日になっている。

大嘗祭で使われる麁服は、阿波忌部氏が代々調進してきた。麁服は神の着る衣服である神御衣《かむみそ》として、大嘗祭の行われる大嘗宮《だいじょうきゅう》の神座東側に供納する。その際の形状は、一反の布の形で供される。大嘗宮は「悠紀殿《ゆきでん》」と「主基殿《すきでん》」で構成され、悠紀殿では11月22日の夕方から、主基殿では23日の深夜1時から夜明けまで儀式が行われる。その間、内閣総理大臣以下全国の知事や招待者は、外の庭園の幄舎《あくのや》内で式典が終わるまで参列する。

麁服とは天皇即位後の践祚大嘗祭において、天皇が威霊を体得されるために神《かむ》御衣《みそ》として祀る重要な大麻の織物である。しかし、皇位を継承する天皇家の秘儀であり口伝のため、天皇が儀式の中で麁服をどのように使用するのかは残念ながらわからない。

大嘗祭は、日本における大変重要な儀式である。そこには、大麻でつくられた一反の布が、大変重要な役割を担う。大嘗祭には、神の草としての大麻の霊力を信じる、日本人の深い宗教観が強く存在しているのである。

21世紀の大嘗祭

令和元（2019）年11月に行われる大嘗祭にも、麁服は調進される。平成31（2019）年3月、すでに忌部氏直系の三木家では、麁服をつくるための大麻畑の準備が始められている。麁服調進の事業には、多くの人々の尽力と資金が必要となる。それらの運営を行っているのが、「特定非営利活動法人あらたえ」である。ここに同法人が関係者に向けて送った趣意書がある。歴史的な事業への思いの伝わるものであるので、ここに紹介したい。

〈趣意書〉

特定非営利活動法人あらたえは、徳島県美馬市木屋平を活動拠点として国指定重要文化財三木家及び周辺公園の保護をはじめ、観光振興、三木家資料館の管理運営、麁服調進の技能継承など、地域の活力向上に寄与することを目的として活動しております。

とくに、古事拾遺《こじしゅうい》に記される、阿波忌部氏人による麁服の調進は、大嘗祭の儀式に欠かせない最高位の皇室行事として、ふるくから受け継がれておりますが、この伝統文化を引き継ぐ重要な活動をしております。

大嘗祭は、天皇陛下がご即位後初めて行われる新嘗祭《にいなめさい》のことで五穀の新穀を天《てん》神地祇《しんちぎ》に進め、又自らもこれを食して国の安寧と五穀豊穣を祈願される儀式であります。

先の大正天皇、昭和天皇、更に今上天皇の大嘗祭におかれましても、阿波忌部の末裔である三木家当主が御殿人《みあらかんど》として麁服を調進されました。

さて、今上天皇陛下におかれましては、来年四月三十日に御退位され、五月一日皇太子殿下が御即位し、十一月に大嘗祭が執り行われることとなりました。

このたびの大嘗祭には、皆様方の賛同を得て由緒ある麁服献上の大事業を果たしたいと存じます。事業実施に当たっては、民主的盛り上がりの中、善意に基づく奉仕によって、麻を栽培し、糸を紡ぎ、布に織り上げて献上したいと存じます。つきましては、この麁服事業の趣旨に御理解賜り、皆さまからの格別の御支援、御高配を賜りたく、お願い申し上げる次第です。

謹白

平成三十年五月吉日

特定非営利活動法人あらたえ　理事長　西　正二

伝統大麻の復活を果たした「伊勢麻」振興協会

「伊勢麻」振興協会は、伊神事などで使用する大麻の県内で栽培生産することを目指し、２０１４年に発足した。

同協会は、大麻の伝統的価値や素材・作物としての可能性を広く日本人に訴え、麻栽培・精麻加工業を創出することを使命として掲げている。また、神事や日本の伝統産業で使用する精麻を、国内で持続的かつ安定的に供給できる仕組みを構築することを目指し活動している。神社の注連縄や鈴緒は、本来、大麻繊維である精麻でつくられるが、近年はビニール製や中国などの海外製品が多い。

伊勢神宮を筆頭に、由緒ある神社を有する三重県内で栽培し加工した精麻を供給するため、神社関係者、教育機関、自治体、企業、大麻栽培事業者などで構成された同協会は、２０１７年に三重県に対して栽培免許の申請を行った。しかし、三重県は「県内で大麻を栽培する合理的必要性は認められない」として、これを不許可とする決定を出した。その後、協会は県担当者へ相談しながら十分な準備を行い、翌年1月に再び申請を行った。この申請を受けて三重県は、防犯対策を充実させたことや使用する神社を限定したことなどを踏まえ、合理的な必要性があると判断し、栽培が許可された。

２０１８年5月に種まきが行われた。そして12月14日、皇學館大教授で神道学博士の新田均理事ら3人は鈴鹿市山本町の椿大神社を訪れ、栽培、加工した精麻5キロを初奉納した。また、桑名市の多度大社にも精麻5キロを奉納した。

新田理事は、伊勢新聞の取材に応じ、「戦後73年ぶりに三重の大地で大麻を栽培

◆神宮大麻

かつて御師と呼ばれる伊勢神宮から派遣された神職が、伊勢に行けない領民の願いを取り次いでいた。祈祷の証としてお祓い大麻と呼ばれる、祓いに用いられた大麻繊維を巻いた祓い串を清浄な和紙に包み祀ったものが始まりである。いまでも神宮大麻の中に精麻が用いられている。

◆精麻

大麻の皮を剥ぎ、研ぎ澄ましたものが精麻である。日本の大麻栽培の特異な点が、この輝きにある。神道の祓い清めの源泉と考えられ、大麻農家はより綺麗で強い繊維をつくるため毎年努力を重ねている。輝く繊維は、美しいだけでなく糸になると不純物が少ないことから強靭で、夏涼しく冬暖かい。

◆精麻が結わえられた幣(ぬさ)

幣のある木に神様が降りていただく意味でこの形がある。精麻が中央に結わえられることで、清められた清浄な場である証を示している。

P.287写真／大麻博物館

し、奉納できて感無量です。課題も多いが乗り越えて生産を続けていきたい」と語った。その土地で栽培し加工した精麻でつくった注連縄を奉納する。戦前までは当たり前だった行為が、今はほとんど消えている。「伊勢麻」振興協会の取り組みは、今後、全国へと波及していくかもしれない。

第6章 日本の大麻取締法

大麻取扱者免許について

大麻取締法は免許制であり、大麻を取り扱う者は、都道府県の長が交付する、「大麻取扱者免許」が必要である。免許の種類には、大麻を栽培する人のための「大麻栽培者免許」と、大麻を研究する人のための「大麻研究者免許」の2種類がある。免許の有効期間は、免許が交付された日から、その年の12月31日までであり、毎年更新することになっている。

「大麻栽培者免許」は、主に農業生産者や産業用大麻業者、大麻にかかわる伝統文化継承者などが取得している。栽培者免許を取得する場合は、活用する部分が種子なのか繊維なのか、あるいは両方なのかを決めなければならない。

申請資格者としては、大麻についての知識と技術を相当に有しており、栽培目的に十分な社会的有用性と合理的な必要性があることが必要だとしている。これは特に、伝統芸能や神事のための使用を希望している者に対しての条件であるが、申請者が、その芸能や神事を行う団体の正式な構成員なのか、そして、それを執り行うために、どうしても大麻が必要なのか否かということを問題としているのである。

この他にも、「栽培する土地を自身が確保していること」や、「栽培している大麻草が盗難されないように、しっかりと管理すること」などの条件が挙げられている。

一方、「大麻研究免許」は、大学や公的な研究機関、医療関係者や法律関係者などが取得している。また、麻薬取締官や警察官に対しても交付されている。

大麻取締法が施行された昭和23年以降、大麻栽培者免許者数が最も多かったのは昭和29年の約3万7000人だったが、平成16年の資料によると、全国で免許を取得している人の数は、栽培者が68名、研究者が322名である。研究者免許の中に取締官が含まれているため、栽培者の5倍近い人数になっている。しかし平成28年末には、研究者は400人に増加しているが、栽培免許取得者は34人に減少している。

また、栽培面積は7・9ヘクタールで、昭和23年以降で最も多かった昭和27年の約5000ヘクタールの約630分の1となっている。

大麻取扱免許の取得方法

大麻取扱者免許の申請には、保健所の窓口や都道府県の薬務課で申請書を入手し、用紙に、住所、氏名の他に、栽培者免許の種類、目的、栽培地の詳細や盗難防止対策などを明記する。申請者が麻薬中毒患者ではないということを証明するため、医師の診断書を取得し、身分証明書、誓約書とともに、申請書に添付する。そして、これを、保健所か都道府県の薬務課で6700円の手数料を払って受理してもらえば、申請は完了である。

しかし、一般の人がここまでのことを行うだけでも、簡単には進まないらしい。保健所や行政窓口では、申請書の取得から受理に至る作業の途中でも、なるべく申請をしないように指導する傾向が強い。そして、申請が受理されても、許可が下りる者はほとんどいないのが現状である。

本来、免許交付の判断は、各都道府県に決定権があるのだが、現実的には厚生労働省の意見が強く反映されている。そのため、大麻がいかに有益な植物であるかと力説しても、行政窓口の人々は慎重にならざるをえないのだろう。

大麻取締法と大麻

大麻取締法の検挙者は、平成21年には３０８７名に上っている。その検挙者は25歳以下の若者が中心であるが、平成23年以降は30代や40代も増加の傾向にある。また、室内などで自家栽培を行う者も増えているようである。平成20年から29年の10年を見ると、平成21年をピークに減少傾向にあるが、平成26年に増加に転じ、平成29年の大麻事犯の検挙人員は前年比４７２人増の３００８人で、過去最多となった。

これらの動きに対して日本政府や関係機関は、「ダメ！　ゼッタイ」のスローガンとともに、大麻および覚せい剤の徹底的な取り締まりを行っている。しかし、大麻はヘロインや覚せい剤などとはまったく異なる物質である。

政治や経済的な理由から禁止の対象となってきた大麻は、肉体的な依存もなく、嗜好品としての危険度もカフェイン並みだということを、ＷＨＯなどの国際機関も認めている。大麻を吸うことにより訪れる酩酊作用が禁止する理由だというなら、アルコールやタバコのように、年齢や場所や時間・分量などを決めればよいのではないだろうか。

医療用の大麻の使用も認めていく必要があるだろう。現在の日本の法律では、大麻を使用して医療を行う側も、それを受ける側も厳しく罰せられる。さらに、医療用の臨床試験を国内で行うことも禁止されている。

大麻を取り締まる法律を自ら制定し改定していった欧州諸国と異なり、戦後のＧＨＱの指導の下でつくられた日本の大麻取締法は、日本自身がまったく検証を行わないまま成立した。

大麻取締法が成立して、70年が経過する。もうそろそろ、この法律を一度検証し、見直す時期に来ているのではないだろうか。

大麻についてのさまざまな立場からの言説

大麻取締法と大麻の有効性あるいは有害性については、国や大麻解禁論者や産業・伝統継承者など、それぞれの立場によって異なる主張をしている。これは、大麻の薬用成分をどのように使用するか、あるいは、そこから引き起こされる陶酔作用についての社会的・倫理的な問題について、どのように解釈するかということで大きく分かれている。

大麻成分の有害・無害論については、一方は毎日多量に摂取した場合を、他方は少量を時々摂取した場合を想定して論じることが多い。また、大麻の陶酔作用そのものを取り締まること自体が日本憲法で定められている幸福追求権などに違反する違憲立法であるという主張もある。

一方、取り締まる行政側は、日本において大麻を含める薬物が、国内法だけではなく国際条約においてもその統制に置かれ、規制の対象になっているという事実を、大麻は有害であるという言説の根拠としている。

財団法人麻薬・覚せい剤乱用防止センターは、厚生労働省の許可を受けて大麻を含むさまざまな薬物の危険性を訴えているが、この団体はホームページや街頭掲示などで「ダメ！　ゼッタイ」という文字とともに、規制薬物がいかに恐ろしく、身体を蝕み、家庭や社会を崩壊させていくものであるかを説いている。

覚せい剤やヘロインと同様に、大麻も有害な危険物質であるという取締り行政側の言説は、国際条約や海外機関による論文を元に展開されている。一方の解放論支持者たちは、カウンター・カルチャー以降、欧州などの大麻政策の変化を見つめながら、医療機関や大学研究室などによる研究結果をもとに大麻の無害性を訴え、取締りには科学的根拠が乏しいと説いている。

大麻問題については、陶酔作用を問う嗜好としての利用、産業用、医療用大麻利用、日本伝統文化を継承するための問題、そして、バイオエネルギー利用をはじめとした環境問題としての大麻利用など、さまざまな立場による言説が存在する。これらの立場の主張は、大麻の有効利用という目的が同じであることから、異なる言説を同時に訴える傾向も多々見受けられる。

例えば、陶酔作用を合法とする解禁支持者たちの中には、大麻を用いた伝統文化や宗教観や神秘性をその主張の1つに掲げる傾向がある。伝統文化継承者たちの中には、それらを同時に語ることに戸惑いや拒否反応を持つ者もいる。

しかしながら、精神的な世界を拠り所として発生してきた祭りや神事と深い関係を持つ伝統文化や芸術は、大麻を巡る神秘とも世界を共有する部分があることは相互に理解しており、近年では伝統継承者たちと精神主義を掲げる支持者たちとの大麻に関するさまざまな活動も活発になってきている。

大麻取締法の主要部分と解説

法律的な書き方で、少々読みづらいと思うが、大麻取締法の主な部分を抜粋してみよう。

まず特徴的なのは、通常の法律にはある目的規定がないことである。つまり、どのような問題があるためにこの法律が必要であるかということが明記されていないのである。これは、戦後GHQ主導によってつくられたいくつかの法律にも見受けられる。この法律をつくった時点では、大麻による事件や事故は日本国内には存在しなかったのである。

〈大麻取締法〉（抜粋）

第一章　総則

第一条　この法律で「大麻」とは、大麻草(カンナビス・サティバ・エル)及びその製品をいう。ただし、大麻草の成熟した茎及びその製品(樹脂を除く。)並びに大麻草の種子及びその製品を除く。

――成熟した茎と種を取り扱うことは合法である。したがって、茎から採れる繊維や木質、そしてＣＢＤなどのカンナビノイド成分については合法ということである。また、種を食用ナッツにしたり、絞ったオイルを扱うことも合法である。

第二条　この法律で「大麻取扱者」とは、大麻栽培者及び大麻研究者をいう。
2　この法律で「大麻栽培者」とは、都道府県知事の免許を受けて、繊維若しくは種子を採取する目的で、大麻草を栽培する者をいう。
3　この法律で「大麻研究者」とは、都道府県知事の免許を受けて、大麻を研究する目的で大麻草を栽培し、又は大麻を使用する者をいう。
第三条　大麻取扱者でなければ大麻を所持し、栽培し、譲り受け、譲り渡し、又は研究のため使用してはならない。
2　この法律の規定により大麻を所持することができる者は、大麻をその所持する目的以外の目的に使用してはならない。

——大麻取締法は、所持と栽培を規制している。使用罪はない。法案施行時点では、所持栽培を規制することで、実質上、産業用の大麻についても規制しようとする意図があったのではないかという説もあるが、真相はわからない。

実際に使用した者たちは、所持や共同所持などによって逮捕されるケースが多い。

第四条　何人も次に掲げる行為をしてはならない。
一　大麻を輸入し、又は輸出すること(大麻研究者が、厚生労働大臣の許可を受けて、大麻を輸入し、又は輸出する場合を除く。)。
二　大麻から製造された医薬品を施用し、又は施用のため交付すること。
三　大麻から製造された医薬品の施用を受けること。
四　医事若しくは薬事又は自然科学に関する記事を掲載する医薬関係者等（医薬関係者又は自然科学に関する研究に従事する者をいう。以下この号において同じ。）向けの新聞又は雑誌により行う場合その他主として医薬関係者等を対象として行う場合のほか、大麻に関する広告を行うこと。
2　前項第一号の規定による大麻の輸入又は輸出の許可を受けようとする大麻研究者は、厚生労働省令で定めるところにより、その研究に従事する施設の所在地の都道府県知事を経由して厚生労働大臣に申請書を提出しなければならない。

――この第四条が、医療大麻を支持する人たちの間で問題となっている。大麻の医療利用について禁止したこの部分は、日本が独自に追加したものである。大麻取締法成立当時は医療用の価値はあまり認められていなかった。そのため、「麻薬」的な扱いを規制するこの条文を入れることで、産業用の大麻の普及の可能性を広げたいという国の意向があったのではないかと推測できる。

しかし、医療的な価値が世界的に認められている現在、医療として医師が使うことも、患者が施用することも、そして、研究することすらも禁じられているのは、問題であると言わざるを得ない。

第二章　免許

第五条　大麻取扱者になろうとする者は、厚生労働省令の定めるところにより、都道府県知事の免許を受けなければならない。

2　次の各号のいずれかに該当する者には、大麻取扱者免許を与えない。

一　麻薬、大麻又はあへんの中毒者

二　禁錮こ以上の刑に処せられた者

三　成年被後見人、被保佐人又は未成年者

——大麻取扱者免許の交付は、国ではなく各都道府県知事によって交付されることになっている。しかし実際その判断の際には、厚生労働省の意向が強く反映している。

第六章　罰則

第二十四条　大麻を、みだりに、栽培し、本邦若しくは外国に輸入し、又は本邦若しくは外国から輸出した者は、七年以下の懲役に処する。

2　営利の目的で前項の罪を犯した者は、十年以下の懲役に処し、又は情状により十年以下の懲役及び三百万円以下の罰金に処する。
3　前二項の未遂罪は、罰する。

第二十四条の二　大麻を、みだりに、所持し、譲り受け、又は譲り渡した者は、五年以下の懲役に処する。
2　営利の目的で前項の罪を犯した者は、七年以下の懲役に処し、又は情状により七年以下の懲役及び二百万円以下の罰金に処する。
3　前二項の未遂罪は、罰する。

――「みだりに」という言葉について、しばしば法廷でとりあげられる。広辞苑によると「勝手気ままなさま」「筋道の立たないこと」とあるが、法的にあいまいであり、法廷において明確に論じられたことはない。

栽培は7年、所持などは5年以下の禁固刑であり、罰金刑のみというものはない。禁固刑という重い刑罰が科せられる以上、大麻に対しての徹底的な検証が必要なのではないだろうか。法律を違反した場合、その結果が社会に与えた被害と量刑は同等でなければならない。「悪法も法なり」という言葉がある。しかし、法律自体を検証する必要があることも確かである。

むすびに　成熟した暮らしを目指して

この本のベースとなった『大麻入門』の初版は、２００９年1月だった。今からちょうど10年前だ。

文庫化の話をもらい読み返したとき、この10年間が大麻の歴史にとっていかに激動の時だったかを思い知った。そのため本書は、半分以上を新たに書き下ろしている。執筆中も、そして今も、大麻を取り巻く環境は刻々と変化している。この本が出版される時には、すでに情報の一部は古くなっているはずだ。

20世紀初頭に大麻が世界的に規制されて以来、今初めてその規制がとかれようとしている。そうすることで多くの命が救われ、環境破壊が少しだけでも食い止められるかもしれない。そんな期待感が世界の株式市場を動かし、マーケットは空前の「大麻バブル」に沸いている。この状況は数年は続くのだろう。

さて、この本を読んで、初めて大麻の真実を知った方も多いだろう。

「こんなに多岐にわたって利用できるなんて、本当だろうか？」

そう思っただろうか。しかし大麻という植物には、本当にそれだけの力が秘められている。今後研究が進めば、ますますその幅が広がっていくだろう。

こんな話を聞いたことがある。医療大麻の源流を調べるために、南インドへ取材に行った時のことだ。世界三大伝統医学の1つであるインドのアーユルヴェーダでは、数千年前から大麻を薬として使用してきた。あるアーユルヴェーダの医師との対話の中でその医師は言った。

「確かに大麻はオールマイティな薬草だ。多くの疾病に効果がある。しかし、スペシャルではないんだ」

スペシャルではない。確かに大麻は多くの疾病に効果がある。しかし、個々の疾病には、それぞれに特化した効能を持つ薬草や鉱物などがある。大麻には幅広い効能はあるが、これらの物質と比較すると、ずば抜けて優れているとは言えない場合も多い。もちろん、がんや難病治療に対しての研究によって、次々と新たな効能が解明されているが、である。

その医師は、続けて言った。

「しかし、大麻の最大の特徴は、アシストする力だ」

大麻には、併用する薬や施術の効能をサポートしてくれる力があるという。この言葉は、医療に限らず大麻という植物全体の特性をよくあらわしている。

大麻は食料になり、プラスチックにもエネルギーにも嗜好品にもなる。それだけ多彩な姿を持っている。しかしそれは、決してスペシャルではない。多くの場合、今まで行ってきたことに対してもう1つ、この植物の力を借りることで、より一層の効果を出すのである。一番大切なのは大麻ではなく、それを使う人であり、大麻をどのように使用するかという環境なのだろう。僕はこのような思いを持って、いつも大麻と接している。

大麻は成長が早いとは言え、土地を耕し、種を植え、手間暇をかけて育てなければならない。収穫し、加工する必要もある。このひと手間がなければ、大麻を有効利用することはできない。医療も産業も嗜好も、すべて同じことだ。大麻を受け入れるということは、もう一度自然の中に身を置くということである。その中で体を動かし、ものを生み出していく。そんなことを経て、初めて僕らは大麻の力を利用することができる。

大麻を受け入れるには、その社会の成熟度が問われるように感じてならない。すべてを安易に受け入れ、便利に利用したいという思考ではなく、手間や思いを大切にするような環境がなければ、大麻の力を100％引き出すことはできないのではないかと思うのだ。

今、世界で起き始めている空前の大麻ブームの半分は、幻想なのだと僕は思う。100年以上、政治的経済的な思惑で規制されてきたがゆえの揺れ戻しが、現在の状況なのだろう。今後10年もすれば、大麻の有効利用は日常のものになっていくはずだ。そして、日本社会が大麻を受け入れていくのも、時間の問題だろう。その時、日本はどのような状況になっているだろうか。成熟して落ち着いて、心豊かな社会になっているだろうか。そうであってほしい。

僕たちを取り巻く状況は、厳しい。福島の原発事故は未だに解決せずに放射能がまき散らされている。大地震や災害も襲ってくるだろう。これからの10年間に、日本で何が起きてもおかしくないと思っているのは僕だけではないはずだ。
でも、僕たちは生きていかなければいけない。ゆっくりと速度を落としながらも。
これからの僕たちには、落ち着いて心豊かに生きていく時間が何よりも大切だ。
そんな生活をアシストしてくれるものの１つが大麻なのだと僕は信じている。

今回の文庫化にあたって、多くの方にご協力をいただきました。この場をかりて、心より感謝を申し上げます。辛抱強く対応していただいた編集の岩谷さん。ありがとうございました。そしてなにより、この本を読んでいただいたみなさんに、感謝を申し上げます。

２０１９年3月31日　自室にて

長吉秀夫

取材協力

今回の執筆にあたり、以下の方々に取材の協力をしていただきました。

con切原旦陽（conキリハラアサヒ）
世界の薬物政策をリサーチし、Twitterを中心に情報を伝えている。飲食店とイベント運営会社を経営する傍ら、世界を旅するうちに、不寛容なアジア圏の薬物政策の矛盾点や、大麻やその他の薬物の扱われ方に疑問を抱く。特に日本の薬物政策の矛盾点に目が行くようになり、他国との政策比較や科学的証拠を調べ、矛盾点や誤解を解明することがライフワークである。
http://convictno798.strikingly.com

一般社団法人 GREEN ZONE JAPAN
海外における医療大麻研究の進展と臨床使用の実情を日本の方々に広く周知するために、2017年7月に設立した。医療大麻を必要とする患者にいち早く届けられるよう、必要な研究が進み、制度が整備されることに寄与することを目的として、医療大麻に関する正しい知見を広く普及させることを目指している。
http://www.greenzonejapan.com/

松浦良樹
1970年生まれ。紙の砦代表＆ライター。環境・エネルギー・伝統・農業などを領域に活動。NPO法人日本麻協会理事として「第一回世界麻環境フォーラム」の開催に携わる。蚊帳の専門家として全国各地で講演や資料展示会、商品開発なども行う。

大麻博物館
日本人の衣食住を支えてきた「農作物としての大麻」に関する私設の小さな博物館。2001年、栃木県那須高原に開館以来、資料・遺物の収集や様々な形で情報発信を行うとともに、各地で講演、「麻糸産み後継者養成講座」などのワークショップを開催している。著書に「大麻という農作物」「麻の葉模様」がある。
日本民俗学会員　栃木県那須郡那須町高久乙1-5
http://taimahak.jp/

その他、多くの方にご協力頂きました。心より御礼申し上げます。

●著者プロフィール
長吉秀夫（ながよし・ひでお）

1961年、東京生まれ。幼少より江戸葛西囃子を習得し祭り文化への造詣を深める。舞台プロデュースの傍ら、精神世界や民族文化、ストリート・カルチャーなどを中心に執筆。著書に『不思議旅行案内』『タトゥー・エイジ』『大麻入門』（幻冬舎）、『ドラッグの品格』（ビジネス社）、『縄文ネイティブ』（キラジェンヌ）等。
フェイスブック　http://www.facebook.com./hideo.nagayoshi

装丁／大谷昌稔（大谷デザイン事務所）

オビ写真／asanoko

コスミック・知恵の実文庫

大麻　禁じられた歴史と医療への未来

【著 者】
長吉《ながよし》 秀夫《ひでお》

【発行者】
杉原葉子

【発 行】
株式会社コスミック出版
〒154-0002 東京都世田谷区下馬 6-15-4
代表　TEL.03(5432)7081
営業　TEL.03(5432)7084
FAX.03(5432)7088
編集　TEL.03(3418)4620
FAX.03(5432)7090

【ホームページ】
http://www.cosmicpub.com/

【振替口座】
00110-8-611382

【印刷／製本】
中央精版印刷株式会社

乱丁・落丁本は、小社へ直接お送り下さい。郵送料小社負担にて
お取り替え致します。定価はカバーに表示してあります。
©2019 Hideo Nagayoshi COSMIC PUBLISHING CO., LTD.
Printed in Japan